駆逐艦「不知火」の軌跡

レイテ沖海戦最後の沈没艦

福田靖

はじめに

太平洋戦争が終わって七〇年以上が経過した。戦争を体験した人々の高齢化により、記憶の風化が進んでいる。

あの大戦には日本海軍の艦艇大小合わせて六百三十七隻が出撃し、終戦時残っていたのは僅か八十七隻だった。中でも小型で快速と軽快性に優れた駆逐艦は、百七十四隻が出撃し、百三十四隻が沈没した。このうち十五隻は一人の生存者もいない。

日本海軍は艦の舳先に菊のご紋章が輝いている戦艦、航空母艦、巡洋艦を「軍艦」と呼び、駆逐艦と潜水艦は軍艦の範疇から除外していた。

海上戦闘では最も勇敢な働きをする駆逐艦だが、小艦なるが故に軍艦と呼ばれることはなく、あくまでも「駆逐艦」だった。

日本国民の多くが太平洋戦争の開戦を知ったのは一九四一（昭16）年一二月八日午前七時の「大本営陸海軍部午前六時発表、帝国陸海軍部隊は本八日未明、西太平洋においてアメリカ、イギリス軍と戦闘状態に入れり」というラジオの臨時ニュースだった。以来、三年八カ月、日本軍はそれこそ血反吐を吐くまで連合国軍と戦い続け、幼児から老人まで国民一丸となって軍を支援した。そして一九四五（昭20）年八月一五日正午、天皇陛下はラジオを通じ、「朕《ちん》は帝国政府をして米英支蘇四国に対し、其の共同宣言を受諾する旨通告せしめたり」とポツダム宣言の受託を国民に告げ、長く、苦しかった戦争は日本の敗北に終わった。

それ以来、日本は「戦争を放棄した国」として常に平和を希求することで「いまの国の姿」を築きあげてきた。

それは太平洋戦争の期間より、はるかに長い時間と苦労の積み重ねによって築かれたものであることを、多くの日本人は知っている。

ところが戦後七〇年が過ぎたあたりから、政府は憲法解釈を変更して「集団的自衛権の行使可能」を打ち出し「安全保障体制の確立」の大義を掲げ、「国の姿」をまた戦争ができる昔の「形態」に戻し始めた。

太平洋戦争に参加した日本人兵士は延べ一千万人。このうち二百万人以上が戦死、百万人が戦傷を負った。本土空襲や原爆、沖縄での地上戦による一般人の死者は七十万人、焼失家屋は二百四十万戸に及んだ。

この戦争で太平洋を最も広く走り回ったのは、図体の大きい軍艦ではない。海戦の最前線で戦艦や空母の護衛に就き、敵艦を発見するや肉迫して魚雷を発射、敵機には機銃で立ち向かう海の暴れん坊といわれた駆逐艦だった。味方艦艇が沈没の危機に陥れば、危険をかえりみず救助に向かう。海上に不時着機があれば、駆けつけて搭乗員を助け上げるのも駆逐艦の任務だった。

「大和」や「武蔵」が超大型トラックだとしたら、駆逐艦は軽トラックほどの大きさしかないが、海戦では常に獅子奮迅の働きをした。排水量が二十倍もありそうな敵の軍艦を撃沈した駆逐艦の戦いぶりについても本書のなかで詳述する。

駆逐艦のことを「ニワトリ以下の消耗品」とか「駆逐艦の豆鉄砲」などと揶揄する海軍幹部もいたという。駆逐艦の居住区は「大和」の三分の一と狭いから、新兵でも毎日のように艦長と顔が合う。そこにはおのずから一体感、信頼感が醸成され、艦独特の艦風ができ上っていた。軍艦では毎晩のように繰り返されていた、甲板整列という根性棒による古参兵の新兵に対する制裁も、駆逐艦は週に一回程度だった。

アメリカ海軍は駆逐艦のことを「ティン・カン」（ｔｉｎ　ｃａｎ・錻力艦）と呼んだ。日本の駆逐艦の船体は薄い亜鉛メッキのブリキでできていた。キール中心の最も厚い中央部で、ほぼ二〇ミリ。その左右の艦底部は六～八ミリの特殊高張力鋼。舷側は吃水線付近が七ミリほどだった。船体を軽くすることでスピードアップを図ったのだ。

これに対し「大和」は、同艦と同じ四五口径四六センチの巨砲で撃たれても貫通しないことを基準に設計されており、弾火薬庫や缶室などの集中防御区画は上面二〇センチ、側面四一センチ、前面三〇センチの厚さがある甲鉄で囲んでいた。いかに巨艦を重視していたかが分かろうというものだ。

　薄い鉄板の船に身を託して太平洋の荒波に立ち向かい、敵艦に魚雷を撃ち込む駆逐艦乗りは、いやでも勇ましい海の男に育つ。ざっくばらんで親しみやすいが、人品骨柄の粗野なものが多かった。彼らは無駄を一切嫌った。うわべだけの言葉やくどい理屈、念入りな行動も拒否した。兵学校出の艦長や士官も水雷屋（駆逐艦乗り）になると猛者に育つ。報告書の書き方や小利口な議論、金モールの参謀肩章などはどうでもよかった。大事なのは敵か、味方かという極めて単刀直截な理論であった。彼らがやっているのは戦争学の研究ではなく、どうやって生き残って、どうやって戦争に勝つかだった。

　そんな男たちが作り上げた艦風だから、敬礼も無駄を省いた。ゴム草履で艦橋に立つ士官や腰に手拭いをつるした艦長もいたが、そこには一本、筋の通った軍紀が貫かれていた。これが駆逐艦であり、駆逐艦乗りたちの矜持でもあった。猛訓練によって鍛え抜かれた下士官と兵の技量と責任感が海戦において各自に任務を全うさせたのである。駆逐艦は軍艦に比べると小船だが、それだけに複雑な構造をしており、厳密な一つの機能のもとに艦長の号令一下、鋲力の艦も動く鋼鉄の塊へと変わる。命令や伝達は自動装置のように流れ、仕事は的確になされていく。そこから生まれた海の男の友情が小さな艦を包んでしまう。その艦に勇猛で誠実で人情味あふれる艦長が乗艦しておれば、一騎当千の駆逐艦が出現する。

一九四三年八月二日、ソロモン海域のベラ湾でアメリカ軍魚雷艇「ＰＴ１０９」と交戦し「体当たり」によって敵艇を沈めた駆逐艦「天霧」艦長だった大佐花見弘平は、「戦艦は役に立たなかった。大艦巨砲は無用の長物となっていた。その代り、駆逐艦と潜水艦が戦闘から補給まで大車輪の活躍を強いられた」（「太平洋戦争の肉声Ⅱ」文春文庫）と述べている。「ＰＴ１０９」の艇長は、後のアメリカ大統領ジョン・Ｆ・ケネディ（当時中尉）だった。

本書は、そうした鍛え抜かれた駆逐艦のなかの一隻で、真珠湾攻撃に出撃以来約三年間にわたって海上戦闘に出撃し、レイテ沖海戦で日本海軍最後の沈没艦となった「不知火《しらぬい》」の軌跡をたどりながら、太平洋で展開された海戦の断片を駆逐艦中心にまとめたものである。

（文中敬称略）

●目次

太平洋戦争の海域図

ソビエト連邦
アッツ島
キスカ島
中華民国
満州国
朝鮮
日本
ミッドウェー島
仏領インドシナ
沖縄
インド
ビルマ
硫黄島
ハワイ諸島
フィリピン
サイパン島
タイ
レイテ島
グアム島
太平洋
シンガポール
ボルネオ
トラック島
セイロン島
スマトラ
ソロモン諸島
ニューギニア
ジャワ
ガダルカナル島
オーストラリア

レイテ沖海戦最後の沈没艦

駆逐艦「不知火」の軌跡

一．波涛千里を越えて

単冠湾に集結

一九四一（昭16）年一一月一二日、標高七三七メートルの灰ヶ峰など三方を山に囲まれた呉港（広島県）に駆逐艦「不知火《しらぬい》」が静かに入港してきた。港の南西に海軍兵学校のある江田島と倉橋島を控えた穏やかな港内には、先着の巡洋艦や駆逐艦が錨を降ろして停泊している。

乗組員たちの動きは少なく、いつもとは違う緊張感が港の周囲にまで漂っていた。上陸許可を楽しみにしていた「不知火」の乗組員らも「開戦が間近に迫っているな」と感づき始めているようだった。

艦長赤沢次寿雄（中佐）は艦橋に各科長を集め「不要不急のものはすべて艦から降ろして艦を軽くせよ」と命じた。さらに魚雷と砲弾を十分補充し、燃料の補給を促した。この時点で准士官以上の乗組員は、「日米開戦は回避できそうにない。わが機動部隊はハワイの真珠湾に向かい、そこに在泊中のアメリカ太平洋艦隊を撃滅する」旨の第一航空艦隊司令長官南雲忠一（中将）の発言を聞かされていたが、何も知らされていない下士官や兵は長期の訓練に向かうものと思い、五日間の停泊中に艦の点検整備、長期訓練に備えての食料や飲料水の積み込みに追われた。

上陸を許可されたものは夜の呉の街、中通の盛り場や朝日遊郭に繰り出したが、小料理屋にまで張りつめた空気が漂っており、朝帰りする兵はいなかった。

「不知火」は一九三七（昭12）年、浦賀船渠で着工、翌年六月進水、一九三九年一二月二〇日就役した。基準排水量二〇三三トン、艦の全長一一八・五メートル、全幅一〇・八メートル。最大速力三五・五ノット。航続距離は一八ノットで五〇〇〇カイリ。二百三十九人が乗り組んでいた。兵装は五〇口径一二・七センチ連装砲三基、二五ミリ連装機関砲（機銃）二基、六一センチ魚雷発射管四連装二基、対潜水艦用爆雷十六個などを備えた最新鋭の陽炎型二番艦である。

連合艦隊戦時編成が一九四一年四月一〇日付で発令され、「不知火」は第二艦隊（旗艦「高雄」）の第二水雷戦隊第十八駆逐隊に組み込まれた。

一一月七日には開戦に向けて機動部隊が編成され、各所属艦艇は択捉島《えとろふ》の単冠湾《ひとかつぷ》で待機と決まった。特別訓練を積み重ねてきた機動部隊は、それぞれの泊地から順次錨を揚げ、北上を開始。「不知火」は一六日朝、停泊していた呉港を出て同日中に佐伯泊地に入泊、第十八駆逐隊に所属する僚艦の「陽炎《かげろう》」「霞《かすみ》」「霰《あられ》」と勢揃いした。下士官や兵にはまだ行先、出動目的は秘匿されたままだった。

吃水線ぎりぎりまで弾薬や燃料を満載した第十八駆逐隊の各艦は、一八日午後二時、佐伯湾を出ると北に針路を定めた。選ばれたのはハワイまでの距離を考え、航続距離の長い駆逐艦ばかりである。それだけに艦長以下各士官の胸には、期するものが秘められていたに違いない。

「不知火」は順調に北上し二二日、単冠湾に入港、錨を降ろした。この年は冬の訪れが早く、湾内から見える山々はすでに雪化粧していた。先着していた空母のグレーの船体がその雪をかぶった山並みと見事なコントラストを描いていた。

単冠湾に集結した機動部隊は第一航空戦隊が「赤城」「加賀」、第二戦隊が「蒼龍《そうりゅう》」「飛龍《ひりゅう》」、第五戦隊が「瑞鶴《ずいかく》」「翔鶴《しょうかく》」の各空母、第三戦隊が「比叡」「霧島」の両戦艦、第八戦隊が重巡「利根」「筑摩」のほかに警戒隊が軽巡「阿武隈」と駆逐艦が「谷風」「浦風」「浜風」「磯風」「不知火」「霞」「霰」「陽炎」「秋雲」の九隻。哨戒隊として「伊一九潜」「伊二一潜」「伊二三潜」の潜水艦三隻と特設給油艦七隻である。

「不知火」の乗組員のなかには乗艦して日の浅い兵もおり、これだけの艦艇が揃ったのを見るのは初めてらしく、驚きの表情を見せて「日本の軍艦を全部集めたのじゃろうか」などとささやきあう声が聞かれた。

各艦の下士官と兵はそれぞれの泊地を出港するときには「訓練地に向かう」とだけ伝えられていた。単冠に着いて初めて艦長の赤沢から「ハワイ奇襲作戦に出撃する」と聞かされ、期せずして万歳の声が艦内に充満したという。

防衛庁防衛研究所戦史室編の戦史叢書「ハワイ作戦」（以下公刊戦史という）は単冠湾出撃前の状況を次のように記す。

当時、攻撃の第一線に立つ搭乗員は、わが海軍の伝統的精神と猛訓練に鍛えられ、そのうえこの古今未曾有の大作戦を目指してさらにその腕を磨きあげていたので、その精神、技量ともに充実し強い自信を持っていた。従って搭乗員の意気は軒昂たるものがあり、生死を超越して宿敵米艦隊の撃滅のみを目指していた。

択捉島は北海道の東端から約一五〇キロにあり、機動部隊が集結した当時は七百四十世帯三千七百六十人が住んでいた。役場や営林署、小学校があり児童三百六十一人、教師は十七人だった。単冠は島のほぼ中央に位置する同島東岸の良港。一八七四（明7）年九月に開港した。湾岸には丁寧、年萌の集落があり、機動部隊が集結した時期には丁寧には人家十一戸、年萌には三十二戸が湾岸沿いに散在していた。単冠湾内にはコンブ、ワカメがまるで雑草のように生えており、沖にはクジラが群れていたという。年萌には海軍の駐屯地が置かれていたが兵員は僅かだったようだ。

択捉島はサケ、タラ、カニ、コンブ漁が盛んで、缶詰工場もあり、漁期には本土からの出稼ぎ労働者で賑わったが、一二月から四月にかけては海も川も凍ることが多く、冬季は毎月一回寄港する郵便会社の定期船が唯一の情報源だった。

機動部隊の入港を前に海軍大湊警備府は、海防艦を単冠湾に派遣して開戦日まで島の郵便局に通信事務の停止を命じ、島内外の電話も一切通じなくした。民間船も出入港を禁止、島民には緘口令が出され、全島民が缶詰状態に置かれた。この間、島民の生活物資は大湊警備府の補給船から支給されたので平穏は保たれた。

「不知火」出撃

一一月二六日午前六時、単冠湾の上空は厚い雲に覆われて視界は悪く、海上には高いうねりがあった。

警戒隊の第十七駆逐隊（司令・大佐杉浦嘉十）の「谷風」「浦風」「浜風」「磯風」が一斉に錨を揚げ、単縦陣で湾口に向かう。四艦は湾口を出ると一〇キロ間隔の横隊を組み、哨戒の任に就いた。

二番手は第十八駆逐隊（司令・大佐宮坂義登）の「不知火」「霞」「霰」「陽炎」。抜錨すると湾口に舳先を向けた。その後に第八戦隊（司令官・少将阿部弘毅）の重巡「利根」「筑摩」、第三戦隊（司令官・中将三川軍一）の戦艦「比叡」「霧島」が出港。

間を空けることなく哨戒隊の潜水艦三隻、空母部隊の「赤城」「加賀」「蒼龍」「飛龍」「瑞鶴」「翔鶴」が白い航跡を残して三五〇〇カイリの彼方目指して出撃すると、単冠湾は再び二二日以前の静かで寂しい風景に戻った。

機動部隊の行動はすべて秘匿されているから、岸壁に見送る島民の姿はなかった。

アメリカから石油を止められた日本にとって、南方の資源地帯確保は喫緊の課題だった。

日本軍の南方進出で目障りになるのがハワイにいる米太平洋艦隊である。南方進出に対する同艦隊の妨害を避けるためには、先手を打って同艦隊を無力化する以外ないとの考えから真珠湾奇襲作戦は立案され、ここに攻撃隊の進撃が始まったのである。

単冠湾を出た機動部隊は針路を東南東に向け、第一警戒航行序列を組んだ。

先頭を行くのは第十七駆逐隊の駆逐艦四隻。一〇キロ間隔で横に並び、その中央後方に給油船と第一水雷戦隊旗艦の軽巡「阿武隈」が占位。その後に給油船と哨戒の潜水艦三隻、その左側に駆逐艦「霞」と「霰」、中央に「秋雲」、右側に「不知火」と「陽炎」が続いた。

「赤城」ら空母六隻は二列縦陣を組み、その後方に給油船と続き、殿《しんがり》は「比叡」「霧島」だった。

出撃二日目の二七日は天候は晴れていたが、冬の北の海独特の大きなうねりが続き、艦の揺れが激しく先頭を行く駆逐艦は、船橋まで白い波しぶきを浴びながらの航行だった。二八日も波は高かったが、燃料補給は計画通り行われた。

すべて隠密行動

ハワイ攻撃は奇襲が目的だから真珠湾の真北二二〇マイルの真珠湾攻撃点（D点）到着まで機動部隊の行動はすべて秘密である。奇襲の企図が敵側に察知されると奇襲は成立しない。従って単冠湾からハワイまでのコースは、敵の飛行哨戒圏や商船の常用コースを避けなければならない。このためもっとも気象条件の悪い北緯四〇度と四五度の間の航路が選ばれた。

ハワイまでの距離が長いことから洋上給油の困難さなどを配慮し、参加艦艇の決定には航続力が最重視された。さらに護衛、警戒が任務の駆逐艦は、空母と行動を共にできる速力も要求される。「不知火」は速力一八ノットで、五〇〇〇カイリという航続力が評価されハワイ作戦への参加艦に選ばれた。

航路が最難関で、しかも遠距離のコースに決まったことで、途中の洋上における燃料補給が最大の悩みだった。海上が荒れると給油船を横付けしての給油はできない。

そこで考えられたのが、万一の燃料不足に備えてのドラム缶や石油缶による貯油作戦。二〇〇リットルドラム缶三千五百缶、一八リットル石油缶四万四千五百缶を用意、艦内の狭い駆逐艦と、一部の戦艦を除き各艦に積み込まれた。旗艦「赤城」もドラム缶三百缶を積み込んだ。

単冠湾を出航した機動部隊の最大の不安は、同時並行的に続いていた日米交渉の行方である。もし妥結すると戦争は回避となり、機動部隊はUターンすることになっていたからだ。厳重な無線封鎖が続いており、日米交渉の模様は伝わってこない。「引き返せ」と言ってくるまで進むしかない。

ハワイ作戦を前にした一一月一三日、連合艦隊司令長官山本五十六は、各艦隊の長官と参謀長ら主要な幕僚を岩国の海軍航空隊に集め、最終の打ち合わせを行った。

山本はここで次のように述べた。

「一二月X日をもって米英に対して戦端を開く。X日はいまのところ一二月八日の予定である。しかしながら一二月八日までにワシントンでの交渉が成立した場合、前日の午前一時までに出動全部隊に『直ちに引き返せ』という命令を送る。それを受領した時には何があろうと即座に作戦を終了して反転、日本に帰ってもらいたい」

山本が話を終わり、まだ椅子に腰を降ろさないうちに、

「それはできませんぞ。長官」

反転反対の声が一斉に起こった。そこで山本は声を大きくした。

「貴様らは百年兵を養うのは何のためだと思っているのか。国家の平和を護らんがためである。もし、この命令を受けて、帰ってこられないと思う指揮官があるのなら、いまより出動を禁止する。即刻辞表を出せ」

山本は、日米間の交渉の妥結を願っていた。だが一一月二六日午後五時、アメリカから、日本側の意と全く相いれない内容の、いわゆるハルノートが日本の駐米大使に手交され、和平への道は閉ざされた。ハルノートを受けた御前会議が一二月一日開かれ、一二月八日開戦が正式に決まった。

四季を通じて海上の荒れる日の最も多い航路を真冬に進むのだから、三二三五〇トンの戦艦「比叡」でさえも波浪に翻弄される。ましてや二〇〇〇トン級の駆逐艦の揺れはひどく、何かものに掴まらないと艦内を歩くこともできないほどのローリングやピッチングを繰り返し、乗組員は気の休まることがない。

食事室はあるのだが、のんびり椅子に掛けることもできない。配られてくる握り飯と沢庵は天井からつるしたざるに入れてある。それをつかみ取って口に入れ、ただ飲み込むだけのような日が続く。まるで戦闘食と同じだ。

並航している戦艦がウネリの底に沈むと、横からは艦影が全く見えなくなり、一瞬、沈没したかと勘違いしてしまいそうになる。

出航翌日の二七日には、艦隊の左側を航行していた「霰」の水兵が一人海中に転落して行方不明になった。艦首から襲ってきた大波にさらわれたらしい。三〇日には哨戒隊の「伊二三潜」が機器故障を起こし落伍（修理の後本隊合流）。一二月三日には空母「加賀」の下士官兵一人が、やはり波にさらわれて行方不明になった。

北の海も荒れ狂う日ばかりではない。揺れの少ない日「不知火」の缶室《かましつ》に艦長の赤沢がふらりと降りてきた。

「みんなご苦労。あと少しで北海の荒波ともお別れだ。それまで頑張ってくれ。それにしてもここは寒さと無縁じゃなあ」

「艦長、暖かいと喜んでいるのもあと少しです。目的地が近くなると機関兵は玉の汗。南方はわしらには地獄です」

当時の艦艇の原動力は、機関兵が缶室で発生させる蒸気である。艦を動かす主機械を回すのはもちろん、大砲や魚雷発射管を旋回させる電源、探照灯、烹水用電源などの発電機も蒸気で回すのだ。駆逐艦の缶室、機械室は上甲板下の水面下にあり、缶室内は冬でも三〇度以上になる。

赤沢も南方の暑さはよく知っているから、「そうだな」と笑いながらラッタルを昇っていった。

ニイタカヤマノボレ

ハワイが近づいてきた。一二月二日から駆逐艦二隻を、第三戦隊の後方一〇キロに配して後方の警戒体制を厳しくした。

そして、この日午後八時「一二月八日午前零時以後戦闘行動を開始すべし」の連合艦隊命令の暗号電を「不知火」艦橋でも受信した。

これが前日の御前会議決定を受けての有名な「ニイタカヤマノボレ一二〇八」の電文である。この受信により機動部隊は、日米交渉の不成立を察知し、単冠湾以来の不安が解消した。

一二月六日、海上静穏。七日午前からの敵飛行哨戒圏突入に備え、第八戦隊などに補給の後、第二補給隊とその警戒艦「霰」を分離、さらに第一補給隊と「霞」も分離して警戒隊を離れた。

この日、単冠湾出航以来、清水節約のため止められていた入浴を全艦の総員に許した。心身を清めて戦場に臨もうというのである。

公刊戦史は以下のように記述する。

「古今未曾有の大壮挙は明後日に迫り、明日は敵飛行哨戒圏を突破し決戦場に向かうので、単冠湾出港以来燃料や清水節約の目的で許されなかった入浴を許し、心身を清めて戦場に臨むこととした。

また各艦では、小宴を開き作戦の成功をあらかじめ祝った。特に航空母艦では決死の攻撃に向かう搭乗員と、心血を注いで飛行機や兵器の完璧を期した整備員や電信員、親しい友、同郷出身者などが壮行の小宴を催した」

「不知火」艦内でも乗組員が交代で入浴し、ビールや日本酒を酌み交わした。連日の艦の激しい動揺で船酔いに悩まされた新兵たちも、この日ばかりは本物の酒に心地よい酔いを得て饒舌になるものもいる。故郷の民謡や軍歌を歌う下士官もいる。乗組員の胸内は二日後で占められており、士気は旺盛だった。ほとんどの乗組員はまだ二十歳前後で少年の面影を残しており、海上戦闘の経験もない。入浴が終わると各自の衣嚢から真新しい褌を取り出して着替えた。

七日の朝が来た。機動部隊は臨戦態勢に入り「機関待機を日出以後二四ノット即時二八ノット二〇分待機」とし、全艦が戦闘配備に就いた。

午前七時（現地時間午前一一時三〇分）旗艦は、「ＤＧ」の信号旗（皇国ノ興廃此ノ一戦ニ在リ各員一層奮励努力セヨ＝日本海海戦のＺ旗）を掲げ、敵の飛行哨戒圏内へ向け一路高速南下を開始した。

決戦場に向かう機動部隊は、断雲去来する月光の下を旗艦を先頭とする第五警戒航行序列での南下だ。

重巡「利根」の艦長室の時計が八日午前零時を告げた。艦長岡田為次（大佐）は艦内の利根神社（各艦には艦名を冠した神社が祀られている）に必勝を祈願した。

ハワイオアフ島北方二二〇マイルに位置した旗艦「赤城」のマストに、赤地に白丸の三角旗が揚がった。「発艦始め」の命令である。

午前一時三〇分、第一次攻撃隊百八十三機が発進開始。次いで二時四五分、第二次攻撃隊百七十一機が発進を始めた。

我奇襲ニ成功セリ

午前三時一九分、第一次攻撃隊指揮官の発信した「攻撃隊突撃準備隊形つくれ」の第一報を機動部隊旗艦が傍受したのに続いて、ほぼ同時に「トトトト」（突撃せよ）が入電。

機動部隊指揮官は奇襲成功確実と判断し、前月一八日の佐伯湾出航以来、初めて無線封止の禁を破って連合艦隊と大本営海軍部に「トラ　トラ　トラ」（我奇襲ニ成功セリ）を打電した。第一次攻撃隊指揮官も同二二分にトラ連送で奇襲成功を伝えてきた。ハワイ時間の七日午前七時五二分だった。

「不知火」などの駆逐艦は、あらかじめ決められていた空母との間隔を保ちながら、波浪をものともせず警戒に疾駆した。

この海戦における駆逐艦の任務は艦隊の護衛と警戒だが、母艦から飛び立った飛行機の帰艦を見守るのも大事な任務だ。「不知火」の八日の行動概要には「攻撃隊発艦飛行機警戒船となる。飛行機収容」とある。誤って海上に不時着した搭乗員を収容したものと見られる。

その駆逐艦にも「奇襲成功」の朗報は届き、揺れる艦内に「バンザーイ、バンザーイ」の大歓声が起こった。

駆逐艦の戦闘食は握り飯に沢庵。八日の朝食も、多くの乗組員が握り飯をほおばりながら海上警戒に当たった。

ところが戦艦になると、食事メニューもなかなか豪華だったようだ。「日本海軍食生活史話」（瀬間喬著）によると、開戦日の空母「瑞鶴」の戦闘食献立は朝が握り飯、ボイルドベーコン、きんぴらゴボウ、味付けコンブ、沢庵。昼は握り飯、おでん（牛肉、大根、里芋）沢庵。夕は弁当、煮込み（豚肉、人参、馬鈴薯、大根）梅漬。夜食に乾パンと栄養食が出た。

これが飛行機搭乗員になると出撃前が鉄火巻、卵焼き、煮しめ（大根、人参、松茸）に増加食としてリンゴ、紅茶、熱量食が出たほか、機上応急食も用意されていた。爆撃後には、みつ豆と増加食（コーヒー、サイダー、熱量食）が出たという。

「陽炎」に乗艦していた第一八駆逐隊軍医大尉林靖の回顧記より。

ハワイの北方二〇〇カイリにまで南下した一二月八日の夜明け前、空母は飛行機の発進の隊形に散開し、わが陽炎は赤城のトンボつり（不時着機の救難）となって、一〇〇〇メートルほどの後方について走っていた。

闇のなかに赤城の甲板に並ぶ飛行機のエンジンの回転音が響き、青白い排気ガスが点滅している。発進！　エンジン全開にした轟音が、搭乗員の決意と闘魂の高まりをひしひしと伝えてくる。

一機また一機と上空を旋回しながら編隊を組む。両翼をバンクして海上のわれわれに別れを告げると南の空に消えてゆく。ようやく上空が明るみかけてきた。（「陽炎型駆逐艦」潮書房光人社）

さらに「われわれは総員が帽を振り手を振って『俺たちの分まで頼むぞ』と搭乗員の健闘と武運を祈った」という。

「陽炎」も「赤城」に着艦できず、海上に着水した乗員の救助に追われた。

この作戦による日本海軍の飛行機の被害は、一次攻撃隊九機、二次攻撃隊二十機だった。アメリカ側の被害は戦艦八隻中四隻沈没、他の四隻も被害を受けた。陸軍機二百三十一機と海軍機八十機を喪失した。

機動部隊は帰路、ウエーク島攻略支援に空母「蒼龍」「飛龍」と重巡二隻などを分派したが、六隻の空母はかすり傷一つ受けることなく、一二月二九日までに呉に帰投した。「不知火」は同二三日、柱島に寄港し翌日、母港の呉に入港した。

初代「不知火」は日本海海戦に出撃

駆逐艦とは「軽快で、高速を発揮でき、艦隊のワークホースとして多様な任務に従事できる水上戦闘艦」(「軍艦メカニズム図鑑」グランプリ出版)とある。

ワークホースとは荷役用の馬のことで、馬車馬のように働くということのようだ。駆逐艦は「海の四駆」ともいう。悪路や過酷な使用に耐える四輪駆動車のような機動力を備えており、海戦では常に「艦隊の荒武者」ぶりを発揮した。

「魚雷によって敵の大型艦を攻撃することを主な任務とし、艦隊や輸送船の護衛、対潜掃討、対空砲撃、陸上砲撃、偵察、警備、掃海、煙幕展張による味方艦の隠ぺいなど艦隊の何でも屋だった」（同書）

「駆逐」とは「追い払う」ことであり、駆逐艦は艦隊の切込み隊長というのがふさわしい。

駆逐艦は魚雷の発明によって登場した水雷艇が始まりで、小艇でも魚雷を使用すれば大艦を撃沈できることが分かり、攻撃力、速力、航続性に優れた艦が次々生み出されたのである。日本海軍はイギリスに遅れること二年、一八九六（明29）年に第一号を就役させ、日本海海戦でその威力を発揮した。

太平洋戦争に出撃した「不知火」は二代目艦。初代はイギリス製で一八九九年に就役した。三二六トン。最高速度三〇ノット。

「不知火」という艦名について触れておく。

海軍は戦艦を主として旧国名、重巡を山岳名、軽巡を河川名、駆逐艦は天象、気象（一部樹木名）から採用していた。「不知火」とは九州の八代海に伝わる火光現象のことで、その昔、景行天皇が海路この地方の熊襲征伐に赴いた際、暗夜に航路を見失ったとき、海上に幾つもの火が現れて船を導き、無事上陸できた。

天皇は喜び「あれはなんの火か」と尋ねたが村人は知らず「知らぬ火」と名付けたのが「不知火」になったという。いまでは月のない夜に、漁船の漁火が起こす蜃気楼現象だとされている。

初代「不知火」は、第五駆逐隊の一番艦として「叢雲《むらくも》」「夕霧」「陽炎」とともに日露戦争に出撃。旅順港封鎖戦、黄海海戦、日本海海戦、樺太攻略戦などに参加。旅順港封鎖戦では第五駆逐隊司令駆逐艦として夜襲に活躍した。

一九〇四（明37）年一二月九日、旅順港で夜戦が始まった。港内に封鎖されていたロシア軍艦「セバストポール」（一〇九六〇トン）がただ一隻で港外に出ると、警戒中の日本艦隊に頑強に抵抗した。

この時の第五駆逐隊司令は、太平洋戦争終結のポツダム宣言受託を決めた総理大臣鈴木貫太郎（当時大佐）だった。鈴木は司令艦「不知火」の艦橋で徹夜の指揮をとった。

この時のことに少し触れておく。

夜を徹して艦橋にいた鈴木は、午前四時ごろ仮眠を取るため部屋に戻り横になった。三時間ほど仮眠した鈴木は、艦橋へ上がろうとして階段下で倒れ、人事不省に陥った。従卒が、気を利かせて炭火で部屋を暖めておいたため、一酸化炭素中毒症になったのである。鈴木は上甲板の椅子の上で目を開けた。心配そうに取り巻いている艦長以下に、鈴木は「ボクはどうしていたのだ」と聞いた。艦長が「司令はいままで死んでいました」と答えた。(『聖断』半藤一利・文芸春秋)

この時、鈴木が生き返らなかったら、彼による太平洋戦争の終戦工作はなかった。初代「不知火」は鈴木にとっては思い出深い艦だった。

翌年五月二七日の日本海海戦にも出撃した「不知火」は、午後三時四五分、第五駆逐隊の僚艦「叢雲」「夕霧」「陽炎」とともに第二戦隊を追い越し、その前方で左転、火災が発生しているバルチック艦隊の旗艦「スゥオーロフ」の左側に並航しながら距離四〇〇メートルに接近して雷撃。「不知火」は二本、他の三艦は一本ずつの魚雷を発射したが、いずれも命中はしなかった。

午後八時三〇分、第五駆逐隊の四隻は、戦艦「ボロジノ」に向かって攻撃開始。一番艦「不知火」は敵艦隊を発見できず、二番艦「叢雲」は敵の砲火に撃退されたが、三番艦「夕霧」四番艦「陽炎」は目標の敵艦に魚雷発射を成功させた。

二八日午前八時三五分、「不知火」は最期を迎えようとしている「ナヒーモフ」を発見、接近すると「ナヒーモフ」はすでにキングストン弁を開き、総員退艦を指示したことが分かり、すぐに救助活動を始めた。「ナヒーモフ」は午前九時沈没した。

さらに「不知火」は敵駆逐艦「グロムキー」を追撃。同艦はしぶとく反撃し「不知火」は右舷機を射ち抜かれ、舵機も破壊されて一ヵ所で旋転を続ける状態になったが、敵駆逐艦もほとんどの砲が破壊され、砲弾も尽きたことからキングトン弁を開き総員退艦、間もなく沈没した。

「不知火」はロシア艦乗組員五十四人を救助した。他の艦艇も多くのロシア海軍兵士を収容した。

「多数の敵兵を殺せば英雄になるが、救助を求める敵兵を助けるのも英雄だ」

こんな気概が明治の日本海軍にはあった。また駆逐艦は同海戦で存在感を発揮し、各国の海軍が駆逐艦を重視するきっかけになった。

この海戦でロシア艦隊は、四千八百三十人が戦死または溺死、七千人が捕虜となり、千八百六十二人が中立国に抑留された。

日本側の戦死者は百十人、負傷者は五十九人だった。

戦闘艦の損害は、日本側が水雷艇三隻を失っただけだったのに対し、ロシア側は戦列を構成していた戦艦八隻のうち六隻撃沈、二隻捕獲された。巡洋艦は四隻が撃沈され一隻自沈、三隻はマニラで撃沈された。

二．インド洋の宝島

総員、洗い方始め

一九四二（昭17）年の正月を呉港で迎えた第十八駆逐隊の司令艦「不知火」と「霞」「霰」「陽炎」の四艦は一月五日、同港を出ると岩国、柱島を経て連合艦隊の機動部隊に合流、南太平洋へ針路を取った。

南の海は静かで、乗組員らは一ヵ月前に北海の激浪に揉まれながら、ハワイへ向かって航行した日を懐かしむかのように甲板で、朝の体操を行い甲板清掃、機器の手入れなどの課業に追われた。

駆逐艦の艦橋は上から艦橋、羅針艦橋、シェルター甲板の三層構造になっている。羅針艦橋が艦の頭脳である司令塔。ここには艦長、航海長、水雷長、通信士らが詰めている。

「不知火」の吃水は三・八メートル。機関兵が詰める缶室や発電機が設置されているのは吃水から下である。艦隊が南下するに従って気温が上がり、艦底で働く機関兵は汗の止まることがない。窓がないから外の雲の流れも分からない。

雨雲が近づいてくると「総員スコール入浴用意」の号令が艦内に響く。降雨時間は極めて短いから、機関兵も手空きの者はタオルと石鹸を持って、甲板までラッタルを駆け上がる。

「総員、要所々々、丁寧に洗い方始め」

号令がかかると士官、下士官、兵みんな一緒で素っ裸になって驟雨に打たれながら全身を洗う。洗濯をする兵もいる。これが南の海上での楽しみでもある。

一月一四日、トラック島の泊地に到着した。給油や艦の整備に二日間を過ごし、一七日にはビスマルク諸島攻略作戦に出撃した。

トラック島は中部太平洋海域に位置し、第一次大戦後の一九二二（大11）年のベルサイユ会議で、アメリカ領のグアム島を除き国際連盟の委任統治領として、日本に信託されていた。カロリン、マーシャル、マリアナ諸島で形成。環状の珊瑚礁に囲まれた優れた錨地である。コバルトブルーの穏やかな海面は、戦争さえなければまさにこの世の楽園というにふさわしい。

　第十八駆逐隊の任務は機動部隊の護衛と警戒。

「連合艦隊は同諸島を占領して哨戒、要地防備に利用し、交通線の保護、敵艦船の捜索攻撃への活用を考えていた。これらの島々が資源地帯の外郭防衛線と考えられたためだ。ラバウルはその中でも主要地である。対する連合国軍側はラバウルの価値を認めながらも戦力、特に空母戦力の劣勢から積極策を諦め、後退を選択したのである」(「日本海軍全作戦記録」宝島社)というようにラバウル攻略作戦の狙いはここにあった。

　トラック泊地を出撃した機動部隊は一月二〇日から二二日にかけてラバウル、カビエンを中心に周辺の飛行場を攻撃して敵に大損害を与え、二三日未明には、ラバウル上陸に成功。オーストラリアを含む連合国軍の抵抗は、ほとんどなくラバウルを占領した。この深夜の上陸作戦では、駆逐艦「望月」が艦砲射撃で応援した。

　同作戦による日本側の損害は軽微で、「不知火」は二月一〇日パラオに入港した。同港には一五日朝まで停泊、給油や資材、食料などの積み込みを終え、マーシャル方面のアメリカ軍機動部隊撃滅のため、ポートダーウィン攻撃作戦に出撃した。

　ポートダーウィン攻略戦は、一九四二年二月一九日朝、機動部隊指揮官南雲忠一(中将)が攻撃を発令して始まった。

公刊戦史によると、連合艦隊参謀長宇垣纒（少将）は一月三一日午前零時、南方部隊指揮官近藤信竹（中将）に対し、シンガポール陥落およびジャワ、セレベス作戦の進行に伴い、機動部隊の出動によって敵の退路を断つ作戦の展開を指示した。

近藤は同日、南雲機動部隊と基地航空隊である第十一航空艦隊の出動による、ポートダーウィン攻撃を企図した。

二月一五日、パラオを出撃した際の機動部隊は、第一航空戦隊の「赤城」「加賀」、第二航空戦隊の「蒼龍」「飛龍」各空母と重巡「利根」「筑摩」、第一水雷戦隊の軽巡「阿武隈」、第十七駆逐隊の「谷風」「浦風」「浜風」「磯風」と第十八駆逐隊の「不知火」「霞」「霰」（「陽炎」は横須賀に帰港中）で編成された。

一九日午前六時一五分、「赤城」の零戦三機が上空警戒のため発艦したのを合図に、真珠湾奇襲で大任を果たした淵田美津雄（中佐）搭乗の「赤城艦攻隊」などの各飛行隊百八十八機が次々発艦、ポートダーウィンに向け進撃。午前八時一〇分、全軍突撃に移り、同九時過ぎには攻撃を終了、三時間後には母艦へ帰投した。

一方、基地航空隊からも陸上攻撃機五十四機が飛び立ち、ポートダーウィンを空襲、東飛行場を爆撃して滑走路や格納庫に被害を与えた。この作戦で六〇〇〇トン級の特設巡洋艦一隻を発見、飛行機から二五〇キロ爆弾を命中させ、航行不能に陥れたほか一〇〇〇トン級の商船も撃沈した。日本側の被弾は一機だけだったとされている。

これに対し軍が発表した戦果は、飛行機撃墜大型一、小型十、銃撃炎上大型四、小型三、飛行艇三、銃撃破壊大型二、小型三の計二十六機（これは所在していた全機に当たる）。艦船撃沈は輸送船八隻、駆逐艦二隻、駆潜艇一隻のほか、駆逐艦一隻を大破したとなっている。被害は「加賀」の艦爆、「飛龍」の艦戦各一機が自爆し「壮烈な戦死を遂げたり」（公刊戦史）とある。

連合艦隊参謀長宇垣纏の、太平洋戦争中の日記「戦藻録」（原書房）二月一九日に、「本朝八時過機動部隊は大挙してポートダーウヰンを奇襲し、所在駆逐艦三、駆潜艇一、商船八、飛行機廿八（全部。軍発表は二十六機）施設等を撃沈撃破せり。濠州の土地之が為震駭、彼等青くなりたる事必せり」とあり、日本海軍の絶頂期だったことが推測される。機動部隊は作戦を終えてスターリング湾に向かい、二一日午前一〇時一五分入港した。

まだ作戦を続行していた「不知火」は、二一日午前六時四二分、敵潜水艦のものと思われる潜望鏡を発見、艦長赤沢は「戦闘用意」を命じた。

艦内に緊張が走り、乗組員が目と耳を沖合海上に集中させるなか、爆雷攻撃を行ったが、効果は確認できなかった。

「不知火」はそのまま警戒航行を続けた。

「不知火」オランダ商船を撃沈

二二日午後零時五九分、前日とほぼ同じ海域で敵潜水艦を探知、直ちに爆雷攻撃を行ったが、やはり効果は確認できないまま「不知火」以下七隻の駆逐艦もスターリング湾に入った。

日本海軍はこの作戦でポートダーウィンの基地機能は当分の間は回復しないと判断、ダメ押し攻撃をせずに引き揚げた。ところが連合国軍は意外に早く基地機能を回復しており、四月二五日、日本軍の戦闘機と陸攻機三十九機がポートダーウィン空襲に向かったところ、アメリカ軍機の迎撃に遭い、多くの飛行機を失った。

話は戻る。ポートダーウィン攻略戦を終えた「不知火」は二三日、セレベス島スターリング湾に入泊、ゆっくり休養することもなく給油をすませると二五日には同湾を出てインド洋（スンダ列島）機動作戦に向かった。濃い紺色の海上は穏やかだった。

三月一日午前一〇時四〇分、チラチャップ奇襲作戦に向かっていた「不知火」の見張

インド洋作戦中に戦艦「金剛」の左舷から給油を受ける「不知火」。艦橋など駆逐艦の上部構造物の配置がよく分かる。（1942年・インド洋上）〈大和ミュージアム提供〉

員が船影を発見。艦長赤沢は「直ちに戦闘態勢を取れ」と命じた。相手船が国籍を示さなかったため同一一時六分、「射ち方始め」を号令した。

「不知火」は一二・七センチ連装砲を前部に一基、後部に二基備えている。この砲は一秒間に初速九一〇メートル、最大射程一八四〇〇メートル、一門あたりの発射速度は毎分十発。対艦、対空射撃も可能な当時としては最新鋭の砲である。

「不知火」の砲術員が発砲を開始した。艦は発射の衝撃でピッチングを繰り返す。士官も下士官も眼がギラギラと燃えている。砲撃開始から一二分。敵船に火災が発生した。

砲術員が「やったぞ」と叫ぶ。艦橋の見張員らが歓声を上げた。敵船はオランダ商船

「モッドヨカード」(八〇二〇トン)だった。「不知火」は砲撃を緩めず、第十七駆逐隊の「磯風」、二十七駆逐隊の「有明」「夕暮」も攻撃に加わり、同一一時五二分「モッドヨカード」は撃沈した。

赤沢は、「一日一二五〇機動部隊警戒隊は、只今、商船八七〇〇トン級に対して国籍を示さず我之を撃沈す」と打電した。

「不知火」はオランダ商船撃沈の大手柄を挙げながら、機動部隊参謀長らから「射撃距離が遠すぎる。弾薬を節約せよ」などの苦言を浴びた。しかし海の荒武者がそろった駆逐艦乗りだけに「言いたい奴らには言わせておけ」と気にするふうもない。

三月一一日までスンダ列島一帯で警戒任務に就き、同日、スターリング湾に入泊。同湾では二六日まで基地設営の警戒に当たった。

赤道に近いスターリング湾は昼夜を問わず気温が高い。船底にある機関兵の職場は、機関を動かすタービンの発する熱と湿気で、室温が摂氏五十度に達することもあり、艦の最も過酷な部署である。その機関兵にも「俺たちがいなきゃあ艦は一寸たりとも進まないんだ」という気概があった。

「戦艦や巡洋艦などの大型艦に配乗された青年士官の多くが、威勢のよい駆逐艦乗りを希望していた。駆逐艦は船乗りになるための憧れの配置である」(「駆逐艦野分物語」佐藤清夫、光人社）というように駆逐艦は小兵だが、乗艦を希望するものは多かった。

艦内の食事が洋食の戦艦より、和食の駆逐艦が日本人には好まれたようでもあった。

セイロン島攻略に向かう

連合艦隊司令長官山本五十六は真珠湾奇襲に成功した翌日（一二月九日）、早くもハワイ攻略作戦とセイロン島（現スリランカ）攻略作戦の検討を、参謀長宇垣纒を通じて幕僚に命じた。

幕僚らは「山本は戦争の短期終結を基本戦略としているから、敵の最も痛いところを休みなく衝いて、早く決定的なダメージを与えるのが狙いだ」と考えた。ハワイはアメリカ西海岸防衛の大切な基地である。またイギリス植民地であるセイロン島は、東南アジアを抑えてしまった日本にとっては、宝の山であるインド攻略への足掛かりとして必要だったし、イギリスにとっては、インドを防衛する位置に当たる要衝である。

山本は幕僚に「セイロン作戦は、今後の第二段作戦で、ハワイ方面に突出してアメリカ艦隊捕捉に全力をあげるため、あらかじめ後門の虎であるイギリス東洋艦隊を叩きつぶしておくのが目的だ」と説明した。

幕僚らは山本が「ハワイとセイロン島を占領すれば、アメリカとイギリスは衝撃を受けて、戦意を鈍らせ、和平に応ずる可能性がある」と考えていると判断した。

一九四二（昭17）年三月二六日午前八時、中将南雲忠一指揮の南方機動部隊はセレベス島のスターリング湾を一斉に出撃、ジャワ南方からスマトラ南西方面を経てセイロン島に向かった。

空母は真珠湾奇襲に出撃した「加賀」を除く「赤城」「蒼龍」「飛龍」「翔鶴」「瑞鶴」。戦艦は「金剛」「比叡」「榛名《はるな》」「霧島」。重巡は「利根」「筑摩」。第一水雷戦隊は軽巡「阿武隈」に駆逐艦「萩風」「舞風」「谷風」「浦風」「浜風」「不知火」「霞」「霰」「陽炎」「秋雲」と真珠湾奇襲を上回る艦艇が続いた。

さらにマレー部隊機動隊の重巡「鳥海《ちょうかい》」「熊野」「鈴谷《すずや》」「三隈」「最上」、軽巡「由良」「川内《せんだい》」、駆逐艦「夕霧」「朝霧」「白雲」「天霧」「初雪」「吹雪」「磯波」もセイロン島を目指すという大編成だった。この陣容は真珠湾奇襲に比べ、空母が一隻減のほかは重巡二隻、軽巡一隻増。駆逐艦に至っては二倍の十八隻が出撃したのである。

これに対しイギリス軍は東洋艦隊の空母二、戦艦一、重巡二、軽巡二、駆逐艦六のA部隊と空母一、戦艦四、軽巡三（うちオランダ一）駆逐艦八（うちオランダ一）のB部隊で編成されていた。

公刊戦史「蘭印・ベンガル湾方面海軍進攻作戦」には次のように記述されている。

当時、日本にはセイロン島を占領するだけの力はなかった。攻撃目的はそこに駐留するイギリス艦隊撃滅だった。日本側が事前に入手した情報によると「インド洋方面には戦艦三隻、空母二隻、甲巡四隻、乙巡十一隻を基幹とする英艦隊が行動し、セイロンを含むインド方面には、約五百機の航空兵力が存するものの如し。うち相当兵力がセイロン方面に配備され、一部はベンガル湾に行動する算大なり。オーストラリア方面にはイギリス、オーストラリア、オランダ、アメリカ兵力の一部が残存する模様」というものだった。ところが、米軍は日本軍の暗号を解読して南雲機動部隊の出撃を事前にキャッチ、イギリス軍に警告したことにより、東洋艦隊は艦隊を退避させた。

四月五日、セイロン島のコロンボ上空で、南雲機動部隊の艦載機とイギリス軍基地機が激突。兵装を爆弾から魚雷に転換した艦攻が出撃して、イギリス重巡二隻を僅か二〇分で沈没させた。

さらに翌日、南雲機動部隊はトリンコマリーを空襲、港湾施設と飛行場を爆撃して汽船数隻を沈め、空母「ハーミズ」も撃沈する大戦果を挙げた。

戦藻録（四月六日）は「機動部隊、セイロン空襲は敵機六十機撃墜、商船十数隻撃破。コロンボ施設爆撃の外、コロンボの南々西二百カイリ付近において、英重巡カンバーランド型二隻撃沈せり」と記す。

戦藻録の［注］に「当時、英国東洋艦隊は戦艦五隻、空母三隻、巡洋艦八隻、駆逐艦十五隻、潜水艦五隻によりソマーヴィル海軍大将が指揮していた。なお、機動部隊とは別行動を取った小沢治三郎（中将）率いるマレー部隊機動部隊はインド洋に進出して通商破壊戦を行い、一日で商船二十一隻を撃沈、八隻大破の大戦果を挙げた」とある。

セイロン島攻撃がほぼ終了した後も「不知火」ら第十八駆逐隊は、インド洋で警戒航行を継続。「不知火」の交戦記録によると、四月四日午後七時四分、敵飛行艇一機を発見し対空戦闘を展開、味方戦闘機が撃墜した。

さらに五日午前一〇時三五分にも敵飛行艇など二機を発見、「主砲射ち方始め」の命令が出て砲撃を始めたところに味方機が飛来して二機を撃墜した。

八日は午後六時二〇分、飛来した敵飛行艇一機を撃退。九日午前一〇時九分には敵飛行機一機を発見し主砲砲撃を始めたが、味方戦闘機が撃墜したとある。

第十八駆逐隊はこうした戦果を挙げ四月一〇日、セイロン島作戦を終え、内地に向かった。

三．ミッドウェーの蹉跌

破竹の進撃

太平洋戦争において、敵軍との戦闘が最も早く始まったのはハワイの真珠湾ではなく、マレー方面のコタバルだった。

一九四一（昭16）年一二月八日正子（午前零時）直前、マレー部隊第一護衛隊主力（第三水雷戦隊の軽巡一、駆逐艦四）は、陸軍の輸送船三隻を護衛してマレー半島イギリス領北端のコタバルに入泊し、陸軍部隊は午前二時一五分から上陸を開始した。これに対し陸上から激しい反撃が行われた。これが日本軍と連合国軍の最初の交戦である。真珠湾奇襲開始は同日の午前三時二〇分だから、約一時間早い交戦開始だったことになる。

その開戦から半年余りは日本軍の破竹の進撃が続いた。ハワイ作戦の成功は西太平洋の制海権を手中にし、南方作戦の進捗につながった。開戦とほぼ同時にフィリピンのアメリカ軍基地を海軍航空隊が攻撃して大勝、一九四二年一月二日にはマニラを占領した。同時に起こったマレー沖海戦では、イギリス海軍東洋艦隊の戦艦と巡洋艦を飛行機からの攻撃で沈没させた。これが作戦行動中の戦艦を飛行機が攻撃して撃沈した史上初のケースである。

さらに二月一五日にはシンガポールが陥落し、同一六日には喉から手が出るほど欲しかった、石油基地のあるスマトラ島のパレンバンを占領、ボルネオ島のタラカン、バリックパパン、セレベス島のメナドなどを占領した。

日本側が最も欲しかったジャワ島を巡る攻防戦は、二月二七日、スラバヤ沖に集結していたオランダ、アメリカ、イギリス、オーストラリア連合国海軍部隊と、日本海軍の水上艦隊同士による遭遇戦となった。連合国軍側は重巡一、軽巡二、駆逐艦五隻が沈没、日本軍は駆逐艦「朝雲」が大破しただけで二八日には終結した。日本軍はジャワ島に上陸、三月九日占領した。

すでに述べたように四月には、インド洋に進出してセイロン島に駐留するイギリス艦隊に大打撃を与えている。こうした勝利が続いていた日本海軍は、ミッドウェー海戦へと駒を進めたのである。

連合艦隊司令長官山本五十六は真珠湾攻撃で、アメリカ海軍の空母三隻を撃ち漏らしたことを「禍根を絶てなかった」と悔いた。日本本土の太平洋に面した海岸線は、延長三〇〇〇カイリに及ぶ広漠たる海洋に面しているので、敵艦隊の奇襲を防ぐことは極めて難しい。どこから敵空母が日本本土に近づき、艦載機による空襲を仕掛けてくるか分からない。

「一日も早く真珠湾に残るアメリカ太平洋艦隊の空母三隻を基幹とする機動部隊を誘い出し撃滅する」

これが山本の信念になっていた。しかし山本の「まずミッドウェーを叩き潰す」案に海軍首脳部は素直に応じようとしなかった。

不意を突かれた東京空襲

山本がアメリカ太平洋艦隊対策に煩悶していた四月一八日白昼、アメリカ陸軍のＢ25爆撃機十六機が東京、横浜、横須賀、名古屋、神戸を分散空襲した。被害は僅かだったが、日本軍は全く予期しておらず、唖然として爆弾を落とし飛び去る機影を眺めるだけだった。

B25は東京の六四〇カイリ地点で空母「ホーネット」から発艦、各機が目的地の空襲を終えると、空母への帰艦は燃料不足で難しいことから、中国大陸に向かって飛び去った。アメリカ陸軍の爆撃機は、海軍機より航続距離が長いことから陸軍中佐ドウーリトルが発案、自ら隊長となって指揮した。

当時、太平洋方面のアメリカ海軍の空母は「レキシントン」「エンタープライズ」「ヨークタウン」の三隻だけ。この三艦の搭載機で東京空襲を実施しようとすると、日本本土に三〇〇カイリの地点まで近づく必要があり、日本軍の沿岸警備状況から困難と考えていた。そこで大西洋方面に展開中のホーネットを活用したのである。

山本は「自分が連合艦隊司令長官である限り、天皇の住まいする東京は絶対に空襲させない」という固い決意のもとに開戦に踏み切った。だからアメリカ軍機による東京空襲は山本を震え上がらせ、同時にミッドウェー攻略に突き進む口実になった。

軍令部総長永野修身が、山本のミッドウェー攻略作戦案を採択するにあたり、軍令部は「ミッドウェーと同時にアリューシャン列島西部、特にキスカ島を攻略する」ことを建議し、連合艦隊司令部も同意した。

千島列島から北海道、東北地方にかけての洋上には島がなく、太平洋に向けて大きく開かれている。このためアメリカ軍空母の日本接近が容易なことから、ミッドウェーを占領するのであれば、キスカ島とアッツ島も同時に占領して、南と北からこの海域を航空機で哨戒すれば、敵空母の接近を早期に発見できるという考えだった。

さらにこの作戦にキスカ島を加えることにより、アメリカ艦隊を作戦海域に誘い出す要因にもなるというのだ。かくしてミッドウェー攻略作戦は動き始めた。

インド洋機動作戦を終えた第十八駆逐隊の「不知火」と僚艦は、マラッカ海峡を通過して内地に向かって航行中「内地を空襲したアメリカ軍機の機動部隊撃滅行動に移れ」の命令を受け、行動を起こした。

しかし、アメリカ軍機はとっくに飛び去っており、二〇日には命令が解除され、二三日呉に入港するとすぐに整備のため入渠した。

いずれの艦隊でも航海中は毎日が訓練であり、昼戦、夜戦、黎明戦、薄暮戦の連続で月月火水木金金の休みなし。強風、怒涛、闇夜でも射撃や魚雷発射訓練は行われ、乗組員はくたくたになる。久しぶりの入港、上陸ほど彼らにとって楽しいものはない。乗組員は短い休暇や、上陸を楽しんだ。東京空襲があったとはいえ国民はまだ戦勝気分に包まれていた。

呉は軍人と海軍工廠で働く労働者の街である。銀行などの金融機関や医院の多い本通と、旅館、料理店、劇場などが軒を連ねる中通のほかに朝日遊郭があり、兵らは階級相応のカフェや小料理店に出入りして、鋭気を養うのが呉入港の楽しみだった

敗戦への始発点

しばしの鋭気を養った「不知火」は五月四日に整備を終えると砲弾、食料、燃料などを積み込み、一一日呉を出港して柱島、室積に寄った後、再度呉港に戻って一九日、戦艦「霧島」ほか三隻を護衛して、僚艦とともにサイパンに向け出航した。

中将南雲忠一指揮下の機動部隊も、海軍記念日に合わせたように五月二七日、雨の降る柱島泊地を出た。前年一二月一六日竣工したばかりの旗艦「大和」はじめ、七隻の第一艦隊を含む主力部隊も二九日柱島を後にした。

「大和」には連合艦隊司令長官山本五十六が座乗している。他の各艦隊も相次いで錨を揚げ、ミッドウェーに針路を取った。参加艦艇の数はハワイ真珠湾奇襲作戦をはるかに上回り、日本海軍創設以来の総力を結集した出陣であった。

その陣容について公刊戦史は「印度洋および豪州東方海面で作戦する一部の潜水部隊、南西方面、南東方面の警備兵力、内南洋方面の防備兵力を除き、連合艦隊決戦兵力のほとんど全部ともいえる大部を使用することとした」と述べる。

指揮官山本五十六直率の主力部隊は、戦艦が旗艦「大和」以下七隻、軽巡三隻、駆逐艦二十一隻などの大陣容。南雲忠一指揮の機動部隊は、空母が旗艦の「赤城」以下四隻、戦艦二隻、重巡二隻、軽巡一隻、駆逐艦十二隻など。中将近藤信竹指揮の攻略部隊は戦艦二隻、重巡四隻、軽巡一隻、駆逐艦八隻、空母一隻などのほかに護衛隊として軽巡一隻、駆逐艦十一隻、掃海艇四隻。別に重巡四隻、駆逐艦二隻による支援隊も編成された。北方部隊は中将細萱戊子郎指揮の重巡三隻、軽巡三隻、空母二隻、駆逐艦十二隻、潜水艦十六隻などの大艦隊である。

当時、海軍が保有していた戦艦は十一隻（「武蔵」は四二年八月五日竣工し、同七日連合艦隊第一戦隊に編入）で、その全艦がミッドウェーに出撃したのである。

しかし「大和」など主力部隊は、機動部隊の後方約三〇〇カイリに控えたままで、ついに前線には出なかった。

この作戦で「不知火」は攻略部隊第二水雷戦隊の第十八駆逐隊に所属、第十五、十六両駆逐隊とともに輸送船団護衛の任に就き、二八日サイパンを出航してミッドウェーに向かった。

十六駆には無傷で終戦を迎えた強運の「雪風」もおり、旗艦「神通」を先頭に左に十六駆、右に十八駆、後方に十五駆の隊形を組み、輸送船団十六隻がこれに続いた。

この輸送船団には、陸軍のミッドウェー島上陸を目指す陸軍大佐一木清直指揮の第二十八連隊三千人も分乗しており、「不知火」艦長赤沢は見張員に「敵機の飛来と潜水艦の接近警戒を怠るな」と厳命した。

ミッドウェー島はハワイ諸島の西北にある直径六カイリほどの環礁である。日本側はミッドウェー海戦を始めるにあたり、同島にはアメリカ海兵隊一個大隊七百五十人が駐屯しているに過ぎないと見ていた。同島は、敵機動部隊が日本本土を狙う場合の重要な哨戒基地になるうえ、日本海軍の太平洋作戦実施にも支障があると考え、山本は「ミッドウェーにアメリカ空母群を誘い出し撃滅する」作戦の実施に踏み切ったのである。

ところがアメリカ側は、早くから日本側のこの作戦情報をキャッチし、同島に海兵隊五千人、航空機二百八十五機を待機させていた。もちろん日本側はそのことを知らない。

六月五日午前一時三〇分（日出同一時五二分）、機動部隊はミッドウェー島の北西二〇〇カイリの地点に到達した。四隻の空母を中心に周囲を戦艦、巡洋艦、駆逐艦が取り囲んでいた。夜明けにはまだ早かったが、各艦では握り飯、焼き鮭、福神漬け、佃煮などの戦闘食が朝食として配られた。士官も兵も同じである。

間もなく夜明けを迎えようとする海上の空母「赤城」から、第一機動部隊指揮官で第一航空戦隊司令長官の南雲忠一が「攻撃隊発進」を下令した。「赤城」「加賀」「飛龍」「蒼龍」から同島空襲の第一次攻撃隊百八機が発艦した。

ところがこれを待っていたかのように敵機の追跡に遭い、ミッドウェー島の手前三〇カイリで空中戦を展開、海戦は始まった。

午前四時過ぎ、南雲機動部隊に対し敵陸上機が来襲、約二時間にわたって連続的な攻撃を受け、やがて敵艦載機による雷撃も始まったが、なんとか防ぎ切り、まだ損害は出ていなかった。

間もなく一次攻撃隊から「赤城」に「第二次攻撃の要あり」の電報が届く。南雲は近海に敵艦隊はいないと判断していたから、第二次攻撃隊が搭載していた重量八三八キロの魚雷を降ろし、ミッドウェー島攻撃のため八〇〇キロの陸上爆弾への兵装転換を命じた。飛行甲板や格納庫では、整備員らが大慌てで魚雷を爆弾に積み替える作業をしているところへ「敵巡洋艦、駆逐艦各五隻と空母一隻発見」の報告が偵察機から届いた。

南雲はこのことを、後方三〇〇カイリ付近の海戦圏外にいる「大和」座乗の山本に報告、敵艦隊の攻撃に向かう旨伝えるとともに再度、魚雷への兵装転換を命じた。

整備員らは流れる汗をぬぐいもせず、重い魚雷を慎重に運んでは搭載しているとき、「飛龍」に座乗の第二航空戦隊司令長官山口多門（少将）から「魚雷を積んでいない艦爆機が三十六機ある。これを直ちに発艦させるべきだ」との意見具申があったが、南雲はこれを無視して転換を急がせた。これが後々「二時間の空費」といわれ、批判の的となるのだった。

魚雷への転換がほぼ終わったところへ、一次攻撃隊の各機が帰艦を始めたから、この収容が終わるまで攻撃機の発艦はできない。やがてすべての準備が完了し、各空母から攻撃機が飛び立たんとしていた午前七時三五分、敵の艦上爆撃機三十機が突然、上空に現れ、急降下爆撃を始めた。各空母の甲板は発艦待ちの飛行機がびっしり並んでおり、すぐには防御の手が出せない状態だった。命中弾を受けた旗艦「赤城」と「加賀」「蒼龍」の三艦で火災が発生した。

まず「加賀」の右舷と左舷に至近弾が合わせて五発、次いで艦橋にも一発落下し、艦長以下艦橋にいた全員が爆死した。爆弾は次々命中し、格納庫の床を貫いた爆弾が艦内で爆発してガソリン庫、弾薬庫が誘爆して大火災になった。

続いて急降下した敵機が「赤城」に爆弾を投下、格納庫を直撃して待機していた艦攻、艦爆の抱えていた魚雷や爆弾が爆発し、「赤城」も火だるまとなった。「蒼龍」も同じような攻撃を受け猛火のなかで喘ぎ始めた。

三艦ともほぼ同時にここでこの海戦から落伍した。残る空母は「飛龍」ただ一隻。司令長官南雲は燃え盛る「赤城」から第四駆逐隊の「野分《のわき》」に乗り移った（「風雲」説もある）後、八時三〇分、警戒中の巡洋艦「長良」に移乗、将旗を掲揚した。

一方、被爆をまぬかれた「飛龍」を中心とする機動部隊は、北方へ進路を取りながら戦闘を継続しており、「長良」もその後を追った。孤軍となった「飛龍」座乗の山口は、単独で敵機動部隊への攻撃を決意、同七時五八分、戦闘機など二十四機を発艦させた。各機は敵機の攻撃を排除して、敵空母「ヨークタウン」に魚雷二本を命中、大破させた（その後「伊一六八潜」の雷撃で沈没）。「飛龍」は三次にわたる出撃で攻撃力のほとんどを失い、僅か戦闘機六機、爆撃機五機、攻撃機四機を残すのみとなったがひるまなかった。しかし午後二時三分、敵爆撃機十三機の爆撃を受けて大火災を起こした。

山口と艦長加来止男（大佐）は総員を退艦させた後、艦橋において自決し、艦と運命をともにした。惨敗を喫した山本、南雲は、一度は夜戦による敵撃滅を決意したが、戦況はますます不利になることを察知、山本は午後一一時五五分、ミッドウェー島攻略戦の中止を命じた。

ミッドウェー海戦でも駆逐艦は大活躍した。しかし、それは敵艦との戦闘ではなく艦隊や輸送船団の護衛、空母乗組員の救助に追われたのである。

「不知火」の第十八駆逐隊が所属する、第二水雷戦隊（旗艦「神通」）は、同じ攻略部隊（第二艦隊司令長官近藤信竹指揮）所属の掃海隊と船団部隊が、ミッドウェー基地の敵航空兵力に発見されたため、敵機の空襲覚悟で五日朝を迎えた。

機動部隊の電波を傍受していた攻略部隊が午前四時二八分、「利根」機発信の「敵部隊発見」の報を受信した。司令長官近藤はそれを聞くや、攻略部隊本隊の針路を予定航路から北寄りに変え、機動部隊の方向に向かった。攻略部隊司令部は敵空母の発見や南雲の敵空母攻撃の意図を示す電報を受け、戦果報告を待っていたが、機動部隊が攻撃した様子はなく、逆に午前八時四〇分ごろ「赤城」など空母三艦被爆の悲報が入ってきた。

この報を受けた近藤は、機動部隊支援を決意し、同部隊のいる海域へ全速で向かったが、途中で連合艦隊のミッドウェー基地夜討ち計画の延期通告を受け、「不知火」らの十八駆を率いる第二水雷戦隊旗艦「神通」に対し、「二水戦司令官は旗艦および駆逐艦とともに本隊に合同すべし」と下令した。ミッドウェー島攻撃を目指す近藤は、夜戦による敵艦隊の捕捉撃滅を企図し、高速戦艦二隻と重巡四隻の攻略部隊を率いて、二八ノットで戦場に向かって急進撃を開始した。艦隊の護衛に当たる二水戦もこれを急追、「不知火」「霞」「霰」「陽炎」も甲板に白浪を被りながら続いた。

近藤は午後八時五〇分「午後一〇時以後に会敵を予期す。右より二水戦、第五戦隊、第四戦隊、四水戦。間隔六キロ。第三戦隊は第四戦隊の後方一〇キロ、速力二四ノット」を指示した。

そこに山本から「夜戦は中止する」旨の命令が届いたのだった。

二水戦は本隊と合同するためまた反転した。そして間もなく、海上に漂いながら炎上している「赤城」を望見した。「不知火」甲板には乗組員が整列し、声もなく「赤城」に向かって敬礼した。

「赤城」は間もなく、護衛に当たっていた第四駆逐隊の四隻が魚雷を発射し沈没した。日本海軍のミッドウェー島攻撃は虎の子の空母四隻、重巡一隻のほか空母に搭載していた飛行機二百八十四機を失い、惨敗に終わった。

アメリカ軍は空母「ヨークタウン」と駆逐艦一隻、飛行機約百五十機を喪失しただけだった。

ミッドウェー海戦は日本軍にとって、太平洋戦争の勝敗の分岐点だった。そしてそこには悲劇と喜劇が紙一重の状態で混在していたように思う。

この海戦の山本の狙いは「敵艦隊の同島からの機動を封止するとともに、島を占領して日本側の作戦基地化と同時にハワイへの進攻」にあった。その前段としてまず敵空母を誘い出し撃滅しようとしたが、日本側は事前の情報収集能力の差によって負けていたのである。

僅か半年前のハワイ真珠湾攻撃では、艦隊が完全な秘匿行動を取ったのに、ミッドウェー海戦では全くといっていいほど手を打たず、緘口令が敷かれたという記録もない。「大和」の母港でもある呉の夜の街では、料亭の女将や理髪店のおやじまでが、出港前に上陸した各艦乗組員に「今度はミッドウェーだそうで」などと話しかけたというのである。

米軍は日本側の暗号解読によって、動きを察知し待機していたのだ。

驕れるもの久しからず

真珠湾攻撃隊長だった淵田美津雄は、ミッドウェー海戦でも攻撃の総指揮官に予定されており「赤城」に乗艦していたが、柱島を出港して間もなく腹痛を訴え、軍医の診察で虫垂炎と分かり、艦内で手術を受けた。総指揮は淵田に代わり、「飛龍」飛行隊長の大尉友永丈市が務めた。

その淵田は自叙伝「真珠湾攻撃総隊長の回想」（中田整一編・講談社）の中で言う。「寡を以て衆に勝つをモットーとしていた日本海軍が、衆を以て寡に敗れたのであった。敗因は驕慢であった。アメリカ側では、この海戦を情報の勝利と言っている」と述べ、さらに続ける。

「こちらの企図が筒抜けに洩れて、裏をかかれたのであった。日本は上下ともに第一段作戦の勝利に驕って、アメリカ海軍を侮っていた。そのところに驕る平家久しからずがあったわけである」

淵田の指摘は厳しいが当たっている。

また「敵を軽視し、油断すれば織田信長に討たれた今川義元のように、思わぬ敗北を喫することがあるのだ」（「奇跡の駆逐艦雪風」立石優・ＰＨＰ文庫）と指摘されるに至っては、まさに喜劇ではないか。

戦藻録は「本作戦の齟齬蹉跌の主因」として「程度は別として我企図敵に判明しありた疑ある事」と記し、次のように述べている。

最近における当方面防備の強化、潜水艦の活動、その他兵力の集中ぶりなどは、その疑念顕著たらしむものあり。廿八日における占領部隊のサイパン出撃後、あるいは主力部隊その他内海より多数有力部隊の出撃を潜水艦により牒知せるか、北方兵力の移動増強をソ連船により牒知せられたるか、あるいは陸軍部隊の内地より発せるものよりの機密漏洩、または一般的無線牒報による判断に基くものなるや否や明ならざれども、その痕跡少しとせず。

敵機動部隊のハワイよりの進出、ミッドウェーの北側占位は、四日における攻略部隊中の占領部隊の被発見のみによりて急速可能なるものにあらず。

さらに「敵情偵察不十分なりし事」「空母集結使用の欠陥に乗せられたる事」などと敗因をあげている。

筆者の宇垣纒は当時、連合艦隊参謀長として「大和」に座乗していた。

喜劇の最たるものは、この海戦に参加した第一航空艦隊生き残り兵たちの扱いだ。大本営はミッドウェー海戦で大勝したと国民に大ウソの発表をしたため、生き残り兵の口から真相がばれてしまうことを恐れ、帰国した彼らを病院に収容し、その直後に第一線へ送り出した。

大本営海軍部がウソの戦果を発表するようになったのは、ミッドウェー海戦からといわれ、陸軍にも真相は隠していたという。

やはりこの海戦に後方部隊の主力として出動した戦艦「陸奥」は帰還後、柱島泊地に係留中の一九四三年（昭18）年六月八日、火薬庫の爆発でナゾの爆沈をしたが、生き残った乗組員は上陸も許されず、第一線へ送られたという。「陸奥」が事故で沈没したことが国民に知られて士気が低下することを恐れたのだ。

同艦の沈没を国民が知ったのは戦後だった。生き残った乗組員にとっては、喜劇ではなく、悲劇そのものだったことだろう。

ミッドウェー海戦での艦隊護衛の任務を終えた「不知火」は、第七戦隊を護衛して六月一四日、トラックに入港した後、休むことなく給油船「日栄丸」を直衛して内地に向かい、二三日呉港に帰投した。

駆逐艦は軍艦に非ず

二隻以上の軍艦が、一人の指揮官によって指揮されるときは艦隊と称し、二個以上の艦隊を一人の指揮官が指揮することを連合艦隊と呼んだ。

一方、駆逐艦の戦闘単位は最小二隻で一個小隊と称し、二個小隊か四隻以上による編成を駆逐隊と呼び、司令（大佐）が指揮に当たる。その駆逐隊が二隊または八隻以上で戦隊を編成したのが水雷戦隊で、戦隊司令官（少将）が指揮をする。

水雷戦隊の任務は行動する艦隊の前路、後方、側方に分かれての警戒が主な任務だが、戦闘になると昼間で五〇〇〇メートル、夜間なら二〇〇〇メートルまで敵艦に肉薄して、魚雷を発射するのが重要な役目である。

砲戦になった場合、駆逐艦は砲煙弾雨をかいくぐりながら三〇ノット以上のスピードで突撃を敢行し、巨体の軍艦には真似のできない海上戦闘を展開する。

「駆逐艦乗りは豪胆だ」といわれるのは、こうした戦闘経験を積み重ねているからだ。なかでも艦長は豪勇、沈着冷静な判断力とリーダーシップを求められる。優秀な成績で兵学校を卒業した士官は、駆逐艦を避けて軍艦を希望し、駆逐艦乗りを願い出るのは野獣のような快男児ばかりだったそうである。

海軍のいう軍艦とは戦艦、空母、重巡、軽巡のことで、艦名は天皇が命名することから、艦首に菊のご紋章が取り付けられていた。いずれも「軍艦〇〇」と呼ぶが、駆逐艦は海軍大臣が艦名を命名、軍艦の範疇には入っておらず、呼称も「駆逐艦〇〇」と区別されていた。艦長は軍艦が「〇〇艦長」と呼ぶのに対し「駆逐艦〇〇艦長」と呼んだ。潜水艦も駆逐艦と同じ扱いだった。

第十八駆逐隊（不知火、霰、霞、陽炎）の司令艦は「不知火」である。「不知火」の「生い立ち」についてはすでに述べたが、ハワイの真珠湾作戦、ジャワ南方機動作戦、セイロン作戦、ミッドウェー海戦を共に戦った僚艦についても少し触れておく。

「霰」は二代目。初代は日本海海戦の夜戦が初陣。二代目は一九三九（昭14）年四月一五日、舞鶴工廠で完成、十八駆に編入され、空母部隊の直衛としてハワイ作戦に出撃。四二年七月五日、キスカ湾外で敵潜水艦の雷撃を受け沈没。

「霞」も二代目。初代は旅順雷撃に参加。二代目は一九三九年六月二八日、浦賀船渠で完成し、十八駆に編入、ハワイ海戦では機動部隊直衛警戒隊。レイテ海戦には「不知火」とともに志摩艦隊に参加して出撃した。十八駆では最後の一艦になったが、一九四五年四月七日、「大和」の沖縄特攻に同行、坊ノ岬沖で米機の空襲の猛爆に遭って航行不能となり、駆逐艦「冬月」が処分した。

「陽炎」の初代は駆逐艦草創のころの一艦で、日本海海戦で活躍。第一次大戦では青島方面に出動。二代目は日本海軍の駆逐艦発達史の頂点をなす最優秀艦として「陽炎」型のネームシップ（二番艦は不知火）。一九三九年一一月六日、舞鶴工廠で完成。

ハワイ海戦には十八駆の一艦として出撃。ラバウル攻略、セイロン島機動作戦、ミッドウェー海戦などに出動。四三年五月八日、ソロモン諸島クラ湾で、触雷により航行不能となったところへ爆撃を受け沈没した。

「不知火」真っ二つに

アリューシャン列島は、アラスカ半島の西端からソ連（当時）領カムチャッカ半島の東横腹まで緩い弧を描いて島が点在する火山列島である。

一七四一年、ベーリングによって発見されて以来ロシア領だったが、帝政ロシアは一八六七年（一八七二年説もある）、アラスカと合わせて七百二十万ドルでアメリカに売却しアメリカ領となった。

島の数は大小合わせ百五十余。島嶼の幅は全長二〇〇〇キロに及ぶ。

太平洋戦争当時の住民は、エスキモー人種に属するアリウト人。住民は漁業と狩猟で生計を立てていた。

キスカ島は列島の西部、北緯五二度。島は羽根を広げた蝶に似ており、大きさは東西八キロ、南北四〇キロ、周囲八〇キロ。日本領（当時）幌筵《ぱらむしる》島から東に約一二六〇キロの不凍港。日本軍は占領後「鳴神島」と名付けた。

アッツ島は同列島最西端の島で、幌筵から約一三〇〇キロ。東西五六キロ、南北三二キロ。約八〇〇平方キロでキスカ島の二倍半の広さがあり「熱田島」と名付けていた。気温は海洋性で冬は北海道の三月ぐらいの寒さ。最低気温は氷点下一五度（摂氏）、夏の最高は一五度ぐらいで、夏は七、八月だけ。

開戦後、日米両国は太平洋の南の海域で干戈を交えており、双方とも気象条件の悪い北方はさほど重視していなかった。

ところが、一九四一年六月の独ソ開戦により陸軍が対ソ戦備強化を主張、海軍が引きずられる形で同年七月二五日、第五艦隊（通称第二機動部隊）を編制した。（筆者注＝組織の改編を「編制」と呼んだ）。

米軍機の東京空襲にショックを受けた、連合艦隊司令長官山本五十六は、ミッドウェー島攻撃を強硬に主張、軍令部は、「ミッドウェーを攻略するのであれば、同時にアリューシャン列島も攻略」を決定。ミッドウェー島攻略作戦には、第五艦隊中心の北方部隊が編制され出撃した。

第五艦隊の主力は軽巡二隻で、アリューシャン方面哨戒が任務。本格的な戦場にはならないものとの考えから小戦力に抑えられていた。

その第二機動部隊は六月四日、ダッチハーバーを空襲して、西部アリューシャン列島攻略作戦に乗り出したが、同時に実施されたミッドウェー攻略作戦は、機動部隊の空母四隻全滅の悲運に遭い、同作戦は急きょ中止になった。これに伴い同列島作戦もキスカ、アッツ両島攻略に縮小された。

アッツ島攻略に向かった陸軍北海支隊は六月七日夜、湾外に到着、八日午前零時一五分、奇襲上陸に成功した。

島には残雪が多く、地形が峻嶮なため、上陸は困難を極めたものの、そこにいたのはアメリカ人二人と原住民三十七人だけ。全く抵抗受けることなく占領した。

キスカ島に対しても七日夜上陸、約三時間で島内の掃蕩を終え、八日早朝にはキスカ港の要地を占領した。捕虜は医師とコック各一人。六人の電信員と水兵二人は、逃亡を図ったが間もなく捕えられた。

アッツ島作戦は順調に進み、一〇日には攻略部隊を解き、北海支隊が守備に就いたのに対し、キスカ島にはすぐにアメリカ軍の激しい反撃が始まった。

両島は占領したものの、この方面の日本軍の防備力は駆戦隊一隊、飛行艇六機に過ぎなかった。占領直後の増援も、ミッドウェーに予定していた陸戦隊と設営隊の一部、水上戦闘機六機、特殊潜航艇六隻だけというお粗末さだった。

これに対し米軍は直ちに大型機による空襲を開始、一〇日、駆逐艦「響」が損傷、一九日には給油船「日産丸」が沈没した。

七月に入るとアメリカ軍は、潜水艦による布陣を強化した。そして、さきに述べた第十八駆逐隊の「陽炎」を除く三艦にとっては運命の七月五日がやってきた。

一九四二年六月二三日、大本営はアッツ、キスカ両島の長期確保を指示、連合艦隊司令長官山本五十六は、ミッドウェー島攻略部隊を中心とする第二連合特別陸戦隊を増強して、両島守備に充てることを打ち出した。

ミッドウェーに出撃した各艦は、順次横須賀に帰投しており、増強部隊を送り込むため第五艦隊指揮下の輸送部隊が編成され、第十八駆逐隊も同艦隊の指揮下に入った。「陽炎」を除く「霰」「霞」「不知火」の三艦は休養休暇もなく六月二八日、アリューシャン方面作戦に参加する水上機母艦「千代田」と「あるぜんちな丸」(後に改装され空母「海鷹《かいよう》」)を護衛して横須賀を出港した。

横須賀の空は梅雨の重い雲に覆われていたが、海上は静かで平穏に北上が続き、乗組員は途中で一種軍装(冬服)に着替えた。キスカ島が近づいてくると、名物の霧が海上を這うようにして流れ始め、濃くなると甲板から艦橋も見えなくなるほどだ。

七月五日のキスカ島付近の日出は午前二時。東の空が白み始めたが、辺りは濃い霧に覆われ、全く島影も見えない。前日、濃霧のため入港を断念し港外に仮泊した十八駆の三艦はまだ眠りの中にいた。

「ドッカーン」

突然、キスカ島が大噴火を起こしたかのような、大音響が港の内外に轟いた。駆逐艦の乗組員は、四六時中缶を燃やし続ける当直機関兵以外はハンモックで眠っていた。

「不知火」の艦内では全員、体が浮き上がるほどの衝撃を受けて飛び起き「敵襲だあ」と叫ぶものもいて艦内は騒然となった。甲板に飛び出した兵が目にしたのは、艦の中央付近から真っ二つに裂けた「霰」だった。

「霰がやられたぞ」

「敵はどこだ」

「不知火」の艦内に「総員戦闘配置に就け」のブザーが鳴り終わらないうちに、二発目の大音響とともに船体が大波を受けたように揺れた。

「今度は霞がやられたぞー」

「霰」が被雷した直後のことで応戦態勢は全く取られていない。「霞」では同時に火災も発生した。

「不知火」艦長の赤沢次寿雄は、艦橋から両艦乗組員の救助を指揮しながら叫んだ。

「次は不知火がやられるぞ。監視をしっかりやってくれ」

霧は海上をゆっくり移動しており、敵潜の潜望鏡は見えない。

「千人針を腹に巻いたか」と乗艦間もない新兵を励ます古参兵の声が響く。

その時「不知火」の艦橋は、接近する一筋の雷跡を発見したが命中を免れた。しかし、胸を撫で下ろす暇もなく、五日午前二時五六分、艦中央部に大激震が起こった。

それは魚雷の爆発と鉄板でできた船体がバリバリと裂ける音とが重なり合って共鳴したような大爆音だった。

海水が濃い霧を押しのけるように高波となって艦橋まで降り注いだ。艦長の赤沢が大声で「総員点呼」を命じた。返事のないものが何人かいる。艦内には部下や同僚を呼ぶ大声が交錯する。負傷を免れた乗組員は砲術長の指揮で誘爆を防ぐため、積み込んでいた魚雷をすべて海中に投棄した。出火に備え配置に就くものもいる。

夜は明けた。霧も少しずつ消えてきた。大破した「霞」と「不知火」。「霰」の姿はすでにない。「不知火」の被雷は右舷第一缶室だった。「霞」は黒煙と火炎を噴き上げており、消火にあたる乗組員の姿が「不知火」の甲板からも見える。

「海軍の軍人はなあ、ある日、一発ポカチン食らえば一巻の終わりよ」

艦内の酒保が開いた日には必ず酔った古参兵が口にする言葉だ。それがまさに目の前で展開しているのだ。十八駆の各艦は開戦以来まだ直撃弾さえ受けたことがなかったから豪勇ぞろいの駆逐艦乗りたちも魚雷の直撃には度胆を抜かれた。

「一隻の敵潜が現れ、悠々と潜望鏡を露出したまま接近し、まず第一発の魚雷で霰を沈没せしめ、次の一発で霞を大破炎上せしめた。第三発は不知火を狙ったが、これは命中しなかった。ところが、このとき敵潜は少しも騒がず、悠然として第四発目を発射し、見事、不知火に命中させた。もちろんわが駆逐隊も霰の被雷後、砲戦をもって応戦したが、敵潜は乱射する弾雨の中を見事避退した」（第一水雷戦隊先任参謀有近六次「奇跡作戦キスカ撤収」潮書房刊丸別冊）

公刊戦史より。

「第十八駆逐隊司令発（五日午前三時四五分）当隊『リトル・キスカ・ヘッド』の0度1500米付近仮泊中、午前2時56分より敵潜の雷撃を受け、霰沈没、不知火、霞は各魚雷1本命中防水作業中」

司令宮坂義登（大佐）の回想。

入港時は霧が深く、夜と同じであった。予定ではもっと岸に近く投錨するはずであったが、朝になって初めて艦位がわかった。当時、第十八駆逐隊ミッドウェー作戦以来連続の行動で非常に疲れていたので、乗員の休養を考慮して五日午前三時、転錨を発令した。霧は夜明けごろから晴れ、霰、霞のやられた音で艦橋に上がった。乗員は出港配置についておらず、機関員が配置についていただけであった。

このような結果になった原因は次のとおりである。
①転錨時刻を遅らせたこと
②霧のため予定位置に投錨できなかったこと
③北方に対する研究が不十分であったこと
なお、米潜水艦が活動していたことは承っていたが、仮泊地付近は大丈夫と考えていた（以上公刊戦史）。

三駆逐艦の被雷状況を身をもって体験した士官がいた。司令駆逐艦「不知火」航海長だった大尉高沢秀夫だ。高沢の手記（キスカ会編「キスカ戦記」原書房）から引用する。

「キスカ湾口外に霧の晴れ間を待って仮泊した駆逐艦は不運であった。極北の海の霧は、白夜の海上においては三〇分ほど晴れたかと思うと、また立ち込める。『霧が晴れたらすぐ報告せよ』。そう命ずると、機関は三〇分待機の状態とし、私は私室に戻って仮眠の最中、ドカーンという音。艦橋に飛ぶようにして駆け上がった。一番外側にいた霰に魚雷が命中したのである。艦上を右往左往している乗組員の姿を見た一瞬の後、艦はその中央部からふたつに割れて沈没し、付近一帯は重油の海となった。放り出された乗組員は全て重油の膜をくぐった真っ黒な顔を海面に浮かべて泳ぎだしていた」

僚船が救助に向かう間もなく「霰」は北の海に沈んだ。戦死者は百四人にのぼった。手記をさらに続ける。

「霞もまた一番砲塔下方に魚雷命中、火災発生し、破裂音が響いていた。不知火は無事であった。右に司令、左に艦長がいるので私の位置は艦橋の中央。第二発の雷跡が左前方から突進してくると艦底に吸い込まれるように思えた途端、大爆発を起こした」

横須賀出港が遅れていた「陽炎」を除く十八駆の三艦はほぼ一瞬のうちに米潜水艦の発射した魚雷にやられたのだ。「霞」の戦死者十人、「不知火」は三人だった。沈没は免れたものの、「不知火」は「第一缶室被雷により、第一、第二缶室浸水、後甲板付近に軽度の屈曲を生ぜるほか主要兵器の一部に損害あり。自力航行、曳行とも不可能」（公刊戦史）。

「霞」は「一番砲塔下部被雷により六〇番フレームより前方の区画に浸水、さらに付近一帯大火災のため隔壁の大部分焼失、艦首は右に屈曲垂下、後甲板付近に大なる屈曲を生ぜるほか、主要兵器の一部損傷あり。自力航行、曳航とも不可能（同書）。両艦とも海上行動能力を失った。

ただ一隻別行動だった「陽炎」は「菊川丸」を護衛して七月九日、横須賀を出港しており「キスカ湾第十八駆逐隊の悲劇」に遭わずにすんだが、僚艦がすべて戦線離脱したことにより、キスカ到着とともに第十五駆逐隊に編入され、第十八駆逐隊は八月一五日付で解隊した。

「陽炎」に乗艦していた十八駆軍医長林靖（大尉）の話。

「菊川丸を伴って横須賀を出港した数日後であったが、霰がキスカ湾口で潜水艦の雷撃で二つに折れて沈没、不知火と霞も同時に艦橋下に魚雷を受けて大破したと無電が入った。いままで数々の海戦に参加し、走り回った無傷の十八駆が一挙に三隻失ったのである。なんとも言い難い思いが胸中を駆け巡る。霧の深いアリューシャンの海を艦長以下総員が厳重な警戒のもとに、無事、菊川丸はキスカ湾に連れ込んだが、そこであったのはあの精悍な駆逐艦不知火と霞ではなく、不知火は一番煙突から前を切り取られた無残な姿で、霰は一片のかけらもなくなっていた」（『陽炎型駆逐艦』潮書房光人社）

もし「陽炎」が同じ行動をしていたなら、林は負傷者の手当てに忙殺されたに違いない。

十八駆司令が割腹

防衛研究所戦史研究センターで閲覧した「不知火」の功績便覧には「昭和17年7月5

日キスカにおいて敵潜の雷撃を受け魚雷1命中、内港に転錨、戦死下士官兵2」とある。ところが航海長高沢は「三人の犠牲者を出した。一人は副操舵係で、後部操舵室の配置に就くため甲板を走っていたところ、爆発のショックで海中に吹き飛ばされたらしい。他の一人は爆発点直上付近の甲板にいた工作係。そしてもう一人は第一ボイラーの分隊員で、この兵は後日、舞鶴に入渠して修理中に缶囲いの中から遺体で発見された」と手記に記している。しかし功績便覧の戦死者数は訂正されていない。

爆発が起こったとき、缶室は総員配置に就いていながら、戦死者一人ですんだのは「爆発と同時に缶室内に発生した信じられないような猛烈な圧力で機関兵は上甲板に噴き上げられたから」というのが高沢の推測である。機関兵は火傷を負っただけで、一人を除き命拾いしたわけである。

「不知火」は全ての魚雷を投棄して、無事だった第三缶室（「不知火」は第一～第三缶室を備えていた）の蒸気タービンを最微速で運転しながら、やっと霧の晴れた湾内に入った。「霞」もバックで入港し、負傷者は「千代田」に収容された。死傷を免れた両艦の乗組員は黙々と復旧作業に当たった。高沢の手記は続く。

「ある夜、当直将校が報告のため司令室をノックしたところ応答がない。艦長が予備鍵で扉を開け室内に入ったところ、宮坂司令は短剣で割腹したうえ喉を突き、虫の息で、しきりに介錯を要求されながら、血だらけでベッドにうつ伏せになっていた」。

　高沢は自ら艇長となって短艇を用意、司令を軍医が乗艦している「千代田」に運んだ。発見が早かったのと赤沢の指示が適切だったため司令は一命を取り止めた。第十八駆逐隊司令として任務完遂を目前にしての一隻沈没、二隻大破の責任を感じての割腹だった。「不知火」の乗組員は眠りに就こうとせず、司令の手術結果を待っていた。やがて「手術成功」の知らせが届くと、損傷の少なかった後甲板で「バンザイ」と叫ぶ兵の声が聞こえた。いつも「俺たちは駆逐艦一家」が口癖で、単冠以来何度も太平洋の荒波を共に乗り切ってきた司令の人柄が乗組員たちに慕われていたのである。

　この未明の駆逐艦被雷を身近で体験したのがキスカ島に駐在していた第五警備隊軍医長小林新一郎（大尉）だ。小林は前日から水上機母艦「千代田」と「あるぜんちな丸」のキスカ到着を待っていた。なかなか入港の連絡がなく、心配していると、両船と護衛の第十八駆逐隊は濃霧のため港外に仮泊したとの知らせを受け、ひと安心して士官宿舎に引き揚げ、ベッドに入った。アリューシャンの夜明けは早いから窓から差し込む光をまぶしく感じながらも眠り続けていると、突然ベッドを揺り動かすほどの大音響がした。小林は「爆弾ではない。砲声だ」と直感し飛び起きた。砲声は続けて四、五回起こった。急ぎ上着を着ると長靴を履き、軍刀だけを持って本部前にある戦闘指揮所へ駆けつけた。

小林は「キスカ戦記」（キスカ会編・原書房）に「昨夜から投錨していた第十八駆逐隊のうち、一隻は轟沈し、二隻はともに被弾、火災を起こしている（不知火は火災なし）。潜水艦の雷撃、砲撃を受けたらしいというのである。なんということか。精鋭十八駆の三隻が三隻とも損傷を受け危ういとは。それも潜水艦にとっては脅威であり、それ（潜水艦）をやっつけるのが任務の駆逐艦が反対に潜水艦にやられて手も足も出ないとは。しかも雷撃ばかりか、砲撃まで受けるとはいったいどうしたことか」と驚きと嘆きを吐露している。

小林は軍医だから直接戦闘の前面に出ることはないが、雷撃や砲撃がどんなものかはよく知っている。

「われわれの目と鼻の位置で自分の強敵である駆逐艦に敢然肉迫してこれを攻撃し、そして見事に成功した潜水艦がいるのだ。しかも残念なことに潜水艦戦術をもって鳴る日本軍は敵潜などものの数でもないように罵倒していた米国の潜水艦にやられてしまったのだ」

小林は救助された負傷者を診ることになるかも知れないと即応できる態勢で待っていたが、負傷者は「千代田」に収容され、小林の出番はなかった。

小林を嘆かせ、十八駆の三艦に魚雷を命中させたのはアメリカ海軍の潜水艦「グロウラー」たった一隻による攻撃だった。日本側の三艦は投錨していたのだから、敵潜にとってこんなに狙いやすい的はなかったことだろう。同艦は攻撃を終えると、潜航するでもなく悠々とキスカの海域から去ったそうである。

宇垣纏の戦藻録はキスカの惨劇について「七月五日。千代田は昨四日、キスカ入泊。物件揚陸中なるが、之が警戒護衛に同行せる十八駆逐隊は港外仮泊中、本朝三時敵潜の攻撃を受け霰沈没、他の二艦も損傷蒙れり。うかつの処置と云わん」と記す。

バックで舞鶴に向かう

「不知火」「霞」両艦の応急修理は横須賀鎮守府から資材と要員が送り込まれ、キスカ基地で行われた。「不知火」は艦橋と第一煙突の中間に雷撃を受けたが、上甲板で前後がかろうじてつながった状態になっており、この部分を切断して前部と後部をそれぞれ活用することになった。ところが作業中に艦首が沈没してしまい、全長一一〇メートルの「不知火」は七五メートルの艦尾だけになってしまった。単冠湾から冬の波浪を乗り越えながらハワイへ向かう機動艦隊を護衛した勇姿を思い出しながら涙する兵もいた。

艦橋に祀られた不知火神社もキスカ湾の海底に没した。

動力は無事だった第三缶室で発生する蒸気エネルギーを頼りに、敵機と敵潜水艦の攻撃を警戒しながら舞鶴までの二〇〇〇カイリをバックで帰投することになり、航海長らは海図を広げ、最も安全な航路を研究、航海中の役割分担を決めた。

キスカの基地には一日一度、定期便のように米軍のB24が空爆に現れ、爆弾を投下したが、両艦は後部甲板に残った対空砲で撃退した。

被雷後の「不知火」の行動記録によると、八日敵機来襲。配置に就く。敵機撃退▽一八日敵機数回来襲投弾。重爆一機撃墜▽二一日敵機敵機投弾撃退▽三〇日敵機数回に亘り投弾撃退▽八月四日敵機来襲対空戦闘撃退▽七日敵機来襲対空戦闘撃退▽九日敵機来襲撃退――とあるように乗組員の緊張が続いた。

八月五日には応急修理が終わり、性能試験のため港外に出た。一二日から試運転が始まり、一五日には「不知火」の曳航にあたる駆逐艦「電《いなづま》」が到着した。間もなく「電」の船尾と「不知火」の船尾が尻を付き合わせたようにロープで結ばれ、駆逐艇一隻の護衛を得てキスカ湾を後にした。

僅か四ノットの速度で尻を前にしての航海は滑稽であり、悲しい姿だった。

二〇日、敵機の攻撃を受けることなく占守島の片岡湾に入った。「電」は「途中でもし敵潜の襲撃があれば直ちに曳索を切って敵潜攻撃に転ずる」ことになっていたが、その心配は外れた。「不知火」は補給を受けると「電」と交代した「神津丸」に曳航されて舞鶴を目指し微速前進を続けた。途中、台風に遭遇し小樽港に避難することになった。艦長の赤沢は「曳航はやめてくれ。単独で入港する」と「神津丸」に告げるや見事な操艦で、曳索を外して港に入った。バックで入ってくる「不知火」を見守っていた小樽の人々から拍手が起こったという。小樽で仮泊した「不知火」は日本海を下り、九月三日、舞鶴に到着した。乗組員は「不知火」の後部甲板に勢揃いすると、無事入港を祝って「バンザーイ」を叫び、肩を叩き合って無事帰投を喜び合った。内地の風景を見て九死に一生を得た思いがしたのだろうか。

「霞」は艦橋直前から二つに折れ、砲塔は海中に没した。また艦首は修理不能とわかり水中で切断された。しかし缶室は三つとも稼働しており駆逐艦「雷《いかづち》」、途中から「富士山丸」に後進で曳航されて「不知火」よりひと足早く八月一三日舞鶴港に帰投した。

舞鶴工廠に入渠した「不知火」は船体、機関、兵器などの検査を終えると損傷部位の修理が始まった。艦橋から前部がすっぽりなくなったのだから半分は新造するようなものだ。

「完全修復には一年以上かかる」

工廠技術陣の見立てだ。同工廠は陽炎型一番艦の「陽炎」を建造した経験があり、同型二番艦の「不知火」の構造はよく分かっているから修理は休みなく行われた。それにしても一年以上の修理期間中二百三十九人の乗組員を一時帰休させるような制度も余裕もない。しかも戦時下であり、緊張感が途切れることのないよう教育と訓練が続いた。

「不知火」と同じように四二年一〇月、ガダルカナル増援輸送作戦中に敵機の攻撃を受け大破、横須賀で五カ月間にわたる修理を経験した駆逐艦「野分」について書かれた「駆逐艦野分物語」(佐藤清夫・潮書房光人社)には「損傷で修理期間が長期に及ぶと、全定員をそもままにして

キスカで被雷し、艦橋から前を喪失したまま舞鶴工廠第二ドックに入渠した駆逐艦「不知火」(1942年9月17日撮影)〈大和ミュージアム提供〉

おくほどの余裕はなく、必要な乗員以外は引き抜かれて他の艦、陸上部隊に配置換えされ、各学校の練習生として入校してマーク持ち（特技者）となる。野分でも例外ではなく、百名近くが交代した」とある。

「野分」ではベテランが多く転出し、艦長、航海長、砲術長、水雷長らが交代または退艦したというから大異動が行われたようである。「不知火」は修理期間が「野分」の二倍以上必要といわれていたから乗組員も大幅な異動や入校が行われた模様で、開戦前の一九四〇年一〇月から艦長を務めていた赤沢次寿雄が修理完了間近の一九四三年一〇月に転出、代わりに中佐安並正俊が着任したが、臨時だったようで一カ月後に少佐荒悌三郎と交代している。

赤沢は先祖代々医師の家系で育ったせいか、キスカ港外で雷撃を受けたときも負傷者の扱いが適格で、割腹した司令への対応も素早かった。常に冷静沈着で操艦の術にも長けていたことから乗組員に惜しまれての退艦だった。

四．退却の連鎖

ソロモンの死闘

駆逐艦「不知火」が舞鶴工廠で修理を急ぐ間も、太平洋では日本軍と連合国軍の激しい戦闘が続いていた。日本軍はミッドウェー海戦の惨敗以来、徐々に追い詰められていった。

日本は赤道から南を外南洋、北を内南洋と呼んだ。その外南洋のガダルカナル島を中心とするソロモン諸島をめぐる日米両海軍の攻防戦は、まさに両軍死力を尽くしての海戦だった。

修理中の「不知火」はこの海戦に参戦できなかったが、多数の僚艦が展開した外南洋における「駆逐艦の勇猛な海戦」について触れないわけにはいかない。

特にこの海戦では、巨砲を備えた戦艦ではなく、「足の速い」駆逐艦がまさに八面六臂の活躍をしたことだ。ミッドウェー海戦で多数の空母を喪失し、空からの攻撃力が減退してしまった海軍の新たな尖兵、「海の切込み隊長」の役を駆逐艦が担い、その役割を十分に発揮したのである。

一九四二（昭17）年八月七日午前四時五七分、ラバウルの第八艦隊に、ガダルカナル島守備隊からの緊急電が飛び込んだ。

「敵機動部隊二十隻　ツラギニ来襲　敵空爆中　上陸準備中　救援頼ム」

これが連合国軍の本格的な「ガダルカナル島攻略戦」の始まりである。日本軍守備隊は間もなく補給が続かなくなり「餓島撤退」へと追い込まれていく。

ガダルカナル島はイギリス保護領だったが、日米両軍にとって重要な軍事拠点で、日本軍はミッドウェー海戦後、ソロモンの制空権を得るため一九四二年五月に占領し、飛行場の建設を始めていた。

緊急電の通り機動部隊の支援を受けた米第一海兵師団が、ガダルカナル島に上陸、同島にいた日本軍は壊滅、飛行場は米軍の手に落ち、米軍はヘンダーソン飛行場と命名した。

救援要請を受けた第八艦隊（重巡五、軽巡二、駆逐艦一）は、八日夜を待って米艦隊に夜襲を仕掛け、敵重巡四隻撃沈、一隻大破の大戦果を挙げたが、第八艦隊司令長官三川軍一（中将）は、なぜか夜明け前に追撃打ち切りを指示した。日本側は帰投時、重巡「加古」が敵潜水艦の雷撃を受け沈没、六十七人が艦と運命をともにした。これを第一次ソロモン海戦と呼ぶ。

第二次ソロモン海戦ではガダルカナル島の奪還を目指して、連合艦隊の主力である第一、第二、第三艦隊をトラック島に進出させた。

第三艦隊は「瑞鶴」「翔鶴」の大型空母を基幹とする、ミッドウェー海戦で壊滅した第一航空艦隊を再編した機動部隊である。司令長官は中将南雲忠一。

第一次ソロモン海戦でガダルカナル島守備隊が全滅した後、同島には陸軍大佐一木清直率いる一木支隊の先遣隊九百人が上陸していたが、主力到着を待たずに単独攻撃に出たため、米軍の猛反撃に遭い壊滅したのである。日本軍はガダルカナル島に増援部隊を送るべく輸送船団を編成、第二、第三両艦隊を同船団支援に向かわせた。

八月二四日、南雲は第三艦隊から小型空母「龍驤《りゅうじょう》」を主力とする支援隊を分離、南下させた。支援隊はヘンダーソン飛行場を爆撃すべく、「龍驤」から攻撃隊を発艦させたが、同海域には米正規空母三隻を中心とする部隊が展開しており、「龍驤」は呆気なく撃沈されてしまった。

　第三艦隊本隊も米機動部隊を捕捉、二度にわたって攻撃隊を出撃させ、空母「エンタープライズ」を中破させたが、南雲は日没が近いことを理由に戦場を離脱。日本側増援船団は、米航空機の攻撃を受け大損害を出して反転、ここでも日本軍は作戦目的を達成できなかった。

　この海戦には「不知火」と第十八駆逐隊で舳先を並べて戦ってきた「陽炎」が別働隊として出撃している。また、同海戦から約三週間後、潜水艦「伊一九」が米空母「ワスプ」を撃沈し、一時的ではあったが、米海軍の太平洋における稼働空母は「ホーネット」一隻のみとなった。

　続いてサボ島沖の夜戦である。ガダルカナル島攻防戦は飛行場の争奪戦だった。連合国軍は日本軍が建設した飛行場を一夜にして奪い取ると、制空権も手中にした。日本海軍は陸上攻撃機の全力を投入したが、一度奪われた飛行場を取り戻すことは容易ではない。

　このころ米軍はレーダーが進化しており、一〇月一一日夜、重巡「青葉」「古鷹」「衣笠」、駆逐艦「吹雪」「初雪」の第六戦隊による飛行場砲撃を決行したが、待ち伏せしていた米艦隊のレーダー射撃に屈し「青葉」が大破。輸送作戦自体は目的を達成したが、得意の夜戦で初めて喫した苦杯だった。

かがり火を燃やせ

ガダルカナル島攻防の苦戦に直面した連合艦隊司令長官山本五十六は「戦艦の主砲による飛行場砲撃作戦」を立案した。南太平洋海戦である。

一〇月一三日夜、ガダルカナル島に僅かに残っている日本軍が決死の覚悟で、飛行場周辺に点火したかがり火を目標に、午後一一半過ぎ、戦艦「金剛」「榛名」の三六センチ主砲がヘンダーソン飛行場に向けて炸裂した。砲弾は同飛行場の滑走路や付属施設に命中し、飛行場機能をマヒに陥れることに成功した。

この作戦には米軍も度胆を抜かれたようだったが、日本軍がツルハシ、スコップとモッコで開設した飛行場を、彼らはすさまじい機械力で瞬く間に復旧させた。

日本軍輸送船団が砲撃の間に突入して揚陸した人員や物資は、別の飛行場から飛来の米機と駆逐艦の艦砲射撃で焼き払われてしまい、山本の作戦でも制空権の奪還はならなかった。見せつけられたのは秀吉の一夜城のごとき米軍の驚くべき復旧力だった。

一〇月六日、日本の陸軍第二師団がガダルカナル島に上陸した。海軍は同師団の総攻撃支援のため、近藤信竹（中将）率いる第二艦隊と南雲忠一（中将）率いる第三艦隊を再度派遣する。この海戦における編成は「翔鶴」「瑞鳳」「隼鷹《じゅんよう》」各空母はじめ戦艦が「比叡」「霧島」「金剛」「榛名」のほか重巡七隻、軽巡二隻、駆逐艦は第二次ソロモン海戦とほぼ同じ二十四隻が出撃した。

両艦隊は第二師団の総攻撃に合わせ、再度ガダルカナル島に突入すべく同島北方の海域に布陣、敵空母を警戒していた。二六日、南雲は「敵発見」の報告を受けると、直ちに攻撃隊の発艦を命じ、午前五時二五分、第一航空戦隊の「翔鶴」「瑞鶴」「瑞鳳」から第一次攻撃隊六十二機が出撃。次いで第二次攻撃隊四十四機が六時から六時四五分にかけて発艦した。

第三艦隊が発見したのは、米海軍の第十六任務部隊（空母「エンタープライズ」基幹）と第十七任務部隊（空母「ホーネット」基幹）であった。日本の第一次攻撃隊は「ホーネット」を大破、さらに第二次攻撃隊も「エンタープライズ」を中破させた。米海軍も二個機動部隊を発進させたが、効果的な攻撃に失敗、「瑞鳳」「翔鶴」の飛行甲板を損傷させただけに終わった。

この間、角田覚治（少将）率いる第二航空戦隊は「隼鷹」から三度にわたり攻撃隊を発進させ、大破していた「ホーネット」にさらなる打撃を与え、米海軍は同艦を放棄して撤退し、「ホーネット」はこの海戦の後で第二艦隊が撃沈した。

南太平洋海戦において日本海軍が多くの犠牲を払った中で、日本機動部隊としてはこれが最後の勝利となり、その後はガダルカナル島撤退へと続く。

駆逐艦の本領発揮

日本軍はガダルカナル島の飛行場を攻撃してなんとか制空権を確保しようと、戦艦「金剛」「榛名」の三六センチ砲による砲撃を行い、飛行場の機能を一時的に喪失させたが、米軍の素早い修復で制空権を得ることはできなかった。

一一月一二日、今度は戦艦「比叡」「霧島」を主力とする挺身攻撃隊をルンガ沖に接近させたが、米軍側もこれを事前に察知して待ち構えており、午後一一時四〇分、飛行場攻撃には至らず、日米双方が至近距離での大海戦に突入した。「比叡」は僚艦の攻撃を助けるため探照灯を敵艦に当てたが、これによって敵の集中砲火を浴びることになった。

この夜戦で挺身攻撃隊の第二駆逐隊「夕立」（一六八五トン）が混乱する戦場で、まさに海のデストロイヤーらしい働きをした。「夕立」（艦長中佐吉川潔）の活躍について少し述べる。

「駆逐艦夕立」（夕立会編）によると、「夕立」は一一月一二日午後二時、味方主力と合同するため第二駆逐隊の「村雨《むらさめ》」「五月雨《さみだれ》」「春雨」とともに、ガダルカナル島飛行場砲撃地点に向かう。「夕立」砲術長椛島千蔵（大尉）は記す。

「今夜半、ルンガ飛行場に対し三十六センチの巨砲弾を雨注し、これを覆滅せんとするものなり。一路南下、未だ敵機の祭知するところならず。神に念じつつ急航す」

午後一〇時二〇分ごろ、旗艦「比叡」の右前方四五〇〇メートルに「夕立」「春雨」、右後方に「朝雲」「村雨」「五月雨」が占位し、飛行場砲撃配備に就いた。およそ一時間二〇分後、右前方約七〇〇〇メートル、ルンガ沖に敵巡洋艦以下七隻を発見した。「夕立」は無線封止の約束を破り「敵発見」の第一信を打電した。

「次いで一分後、比叡も約九キロに敵巡洋艦らしき艦影四隻を認め全軍に急報した。続いて春雨もこの艦隊を認めた。これら各艦の視認による敵兵力は、ルンガ沖に巡洋艦六隻、駆逐艦七隻、ツラギ寄りに巡洋艦三隻。挺身攻撃隊指揮官は全軍に対する攻撃目標の指示と味方遮蔽とを兼ねて比叡に探照灯照射を命じた。同艦は午後一一時五一分、照射と同時に距離六千メートル（米側によれば千六百メートル）で敵大巡に対し三式弾の射撃を開始した」（公刊戦史）。

「比叡」の射撃は初弾から命中したが、探照灯の照射開始と同時に敵の機銃弾が同艦に集中し、前檣楼が火災を起こし、上甲板から上が薙ぎ払われた。高角砲はすべて破壊され、主砲関係電路、副砲指揮所も壊されて一時砲戦能力を失い、通信は無線、信号とも不能に陥った。同時に日米両艦隊は急速に接近し、彼我入り乱れての混戦となり、「比叡」は敵駆逐艦と二〇〇メートルまで接近、衝突をかろうじて回避する場面もあった。さらに「比叡」は艦内通信も途絶し、直接操舵に移ったが、舵機室上方の被弾孔から浸水し、舵機室、舵柄室上方区画は満水となり、直接操舵、人力操舵とも不能になった。

「比叡」に続き「霧島」も敵巡洋艦に向けて射撃を開始した。

第二駆逐隊の駆逐艦「夕立」「春雨」は、ルンガ沖に敵艦を確認すると敵の前方を東方に出て、午後一一時四八分ごろ取り舵に反転、敵方に突入した。反転動作中「春雨」と分かれた「夕立」は、単艦で敵隊列に突っ込んで敵を混乱に陥れると、同五五分「比叡」の照射砲撃に策応して距離一五〇〇メートルで魚雷八本を発射、防空巡洋艦と重巡各一隻に二、三本ずつを命中させ、四分後には「敵巡洋艦二隻轟沈」と報告した。

「夕立」の勢いは止まらない。艦長の吉川は「砲撃始め」を下令した。魚雷発射直後から至近距離の砲撃戦を続けながら、今度は敵巡洋艦の列の中を突破して重巡一隻に火災を発生させた。

さらに日付の変わった一三日午前零時半まで敵巡洋艦、駆逐艦数隻を相手に距離一五〇〇から三〇〇〇メートルで猛烈な砲撃戦を展開して甚大な損害を与えたが、「夕立」も僅かながら損傷を受けた。

「夕立」の全乗組員は息つく暇もなく、新たな魚雷装填のため交戦しながら北上中、右前方の味方と思われる艦から砲撃を受け、第一缶室と艦前部が壊された。「夕立」は味方識別の合図を出したが砲撃はやまず、艦長が「やむを得ん。撃ちかえせ」と指示したとき、射撃指揮所と機械室に命中弾を受け、午前零時二六分、サボ島近くで航行不能に陥った。

一方、第四水雷戦隊の駆逐艦「朝雲」は午前零時、敵巡洋艦に対し魚雷発射用意に入ったが果たせず、新たに視界に捕えた駆逐艦に砲戦を始めるとともに魚雷を発射、敵駆逐艦は火災を起こして沈没するのを確認した。その「朝雲」に続航していた駆逐艦「村雨」は「朝雲」が撃ち逃した敵巡洋艦に距離一〇〇〇メートルから魚雷七本を発射、三本以上を命中させ、敵艦は轟沈した。

「五月雨」も同じ敵艦に魚雷の照準を合わせていたが、轟沈を目撃して発射は取りやめた。この戦闘で「村雨」は第一缶室に被弾、使用不能となり北方に避退、「五月雨」も小火災を起こした。

「夕立」に続航していた「春雨」は、敵砲弾による水柱と照明弾の光芒のため「夕立」を見失ったが、午前零時一五分、約二〇〇〇メートルに敵巡洋艦を発見、直ちに照射砲撃に入り、大火災を発生させるとともに同三七分、雷撃によって撃沈した。

この他に駆逐艦では「電」が敵重巡に魚雷三本を命中させ轟沈、「雪風」「長良」も敵巡洋艦、駆逐艦各一隻を砲撃し「撃沈確実」と報じた。

「照月」は敵巡洋艦一隻、駆逐艦六隻と交戦し駆逐艦一隻轟沈、一隻大破、他の全艦にも命中弾ありと伝えてきた。「天津風」も敵巡洋艦と見られる艦に魚雷一本を命中させたが、結果の分からないまま被弾し、舵が故障したうえ戦死者四十三人を出したため北上、避退した。

この海戦に出撃した駆逐艦「暁」は途中から消息不明となり、被弾沈没したものとされた。生存者はいない。

前述した「夕立」砲術長、椛島千蔵の手記。

「(午前十一時五十一分)比叡の照射、彼我主力砲撃開始。打ち上げた彼我の照明弾に照らし出されて、敵味方艦隊がシルエットのように浮かび上がる。両艦隊とも紅蓮の発砲火焔に彩られ、曳光弾は中空に交錯す。艦長、味方主力の砲撃開始を見定めるや、これに乗じて『われ突撃す』と打電して面舵下令、敵の前程を航過して反対側に飛び込み、さらに取り舵反転して好射点に占位。『発射始め』中村水雷長の凛たる号令。続いて『シュッ、シュッ』魚雷発射の圧搾空気音が鋭く響く。距離二千メートル。肉迫強襲、必殺快心の魚雷発射。取り舵転舵に船体は右に傾き、船尾波は暗夜に大きく白い弧線を描いて左回頭。秒、一秒。全乗員の神経は雷跡を追う。敵主力戦隊に火焔中天高々と上がる。見よ。敵防空巡洋艦一隻、一大火柱とともに真っ二つに折れて轟沈。続く大型巡洋艦一隻大水柱に覆われる」

「夕立」は「砲撃始め」の号令で、敵艦隊の中央目指して突入、約三〇〇〇メートルの敵重巡に向け猛射を続けながら、八本の魚雷を発射した。砲術長の「どんどん撃て」の号令に、砲術員は射弾修正もせず撃ちまくった。逃げていく敵巡洋艦に対しても砲撃を続けるうち、今度は敵弾を艦橋右舷と後甲板に受け、戦死者一人と多数の負傷者が出たが怯む兵は一人もいない。

「敵に後ろを見せず。夜戦の混乱に乗じて敵中にただ一隻躍り込み、まさに死中に活を求めて手当たり次第に敵を撃つ。右も、左もみな敵。二千――三千メートルの至近距離を概ね同航、わが艦に気づくものなし」

公刊戦史と重複するが、いま少し椛島の述懐を追ってみる。

「艦首二千メートルに敵防空巡洋艦一隻。巨象のごとく静かに回頭するを認む。夕立の初弾は敵艦の艦橋に命中、続く全弾も命中し敵艦は火炎に包まれた。この炎に照らされて駆逐艦二隻が浮かんだ。砲撃はこれも命中し敵艦は遠去かって行った。夕立も右前方からの砲撃を受け、第一缶室、前部機械室、右舷前部、艦橋下部などに被弾した。「煙突は粉砕され原型なし」

椛島は射撃指揮所に命中した砲弾の炸裂で気絶した。

「方位盤射手清水上曹の戦友を呼ぶ声にわれにかえる。指揮所は凄惨の極み。指揮塔の大部分は吹き飛び、方位盤は破壊され、測距長高松上曹、施回手新井上曹、松岡兵長、小野寺上水いずれも壮烈な戦死を遂げ、清水上曹、松永上水負傷、残るはわれ一人」

椛島は停止状態の「夕立」艦橋にたどり着いた。艦長の吉川は頭部など全身に負傷していたが、なお意気盛んなところを見せ、水雷長以下も負傷しながら任務遂行に当たっていた。

「夕立」力尽く

一三日午前零二六分「夕立」は航行不能となった。

「彼我艦隊、激闘航過して砲声も止み、海上不気味なほど静かなり。炎々焔に包まれるもの十一隻。中に火薬庫に引火せしか大爆発をなすあり」

静けさを取り戻したソロモンの海に「朝雲」が接近して、第四水雷戦隊司令官の指示として陸岸退避を告げ、短艇一隻を残して去って行った（公刊戦史では二隻）。

ガダルカナル島に突入すること十八回という「夕立」もついに最期が近づいた。「朝雲」が残して行った短艇が波間に揺れている。一度に全員は乗れない。艦長がどんな決断を下すか。乗組員が艦長の周りを囲んだとき、第二駆逐隊司令の命により「五月雨」が近づき横づけ、艦長以下二百七人は同艦に収容された。

午前二時五三分、「夕立」は僚艦の魚雷によってソロモンの海底深く葬られ永遠の眠りに就いた。「夕立」の戦死者二十六人。負傷者三十九人だった。

当時「夕立」電信員だった宍戸善江（兵長）は、「夕立」が攻撃を受けたとき「右大腿部の肉をとられたらしく、右足が縮んで歩けなくなった。両大腿部、左手、左踵などに重傷を負いながら、一人で応急手当をうけようと士官室に向かった途端、中継所に敵弾が当たり炸裂、その破片で左手首をやられ、腹と胸にも三、四個の弾片が入った」(「駆逐艦夕立」)という。宍戸はやがて救助に駆けつけた「五月雨」に、戦友に背負われて移乗、命拾いした。

一一月一三日。舵故障のため行動の自由を喪失した戦艦「比叡」は、艦長西田正雄(大佐)の考えと連合艦隊の方針が一致せず、サボ島近くをグルグル旋回しながら避退方法を模索したが、曳航も不可能となった。さらに米軍機の空爆や雷撃を受けるに至り、乗組員の収容にかかった。

午後四時ごろ収容を終わると、観艦式で天皇のお召艦も務めた「比叡」は、だれにも看取られることなく午後一一時二〇分ごろ、キングストン弁を開いて自ら海底に姿を消した。

一二日の夜戦は挺身攻撃隊が敵艦隊との交戦を全く予期しておらず、飛行場射撃態勢のまま敵艦隊と正面衝突して戦闘が始まった。米艦隊も戦闘指導不適切で、混乱を生じており、戦闘は個艦対個艦の戦いになった。このため戦果報告も辻褄合わせの感は否めない。

日本側の戦果は重巡五隻撃沈、同二隻大破。さらに防空巡洋艦と認められるもの二隻

撃沈、駆逐艦三隻撃沈、同三隻大破、同三隻中破、魚雷艇一隻大破。被害は「比叡」「暁」「夕立」沈没、「天津風」「雷」小破。「長良」「雪風」「時雨」「白露」「夕暮」に被害あるも軽微。戦死者二百九十七人。

これに対し米側の資料では米艦隊の損害は沈没が軽巡二隻、駆逐艦四隻。損傷が重巡二隻、軽巡一隻、駆逐艦三隻。

この夜戦で最も功績のあった「夕立」について、第四水雷戦隊戦闘詳報は次のように記している。

夕立ハ緒戦ニ於テ大胆沈着、能ク大敵ノ側背ニ肉迫強襲シ夜戦部隊ノ真面目ヲ発揮シテ大ナル戦果ヲ収ムルト共ニ、全軍ノ戦局ニ至大ノ影響ヲ与ヘテ先ヅ敵ヲ大混乱ニ陥レ、且ツ爾後モ勇敢ニ戦機ヲ看破シテ混乱ニ陥レル敵中ヲ縦横無尽ニ奮戦セルハ、当夜ノ大勝ノ端緒ヲ作為セルモノト云フベク駆逐艦長以下乗員ガ数次ノ戦闘ニ練磨セル精神力術力ヲ遺憾ナク発揮セリ　其ノ功績ハ抜群ナルモノト認ム。

この夜戦で駆逐艦の奮闘が際立っていたのは各駆逐艦が「度々ガダルカナル島増援輸送を通じて地理に通暁し、不安なく縦横自在の行動に出て勇戦敢闘、独断専行したことが戦果を挙げた要因」（公刊戦史）だったようだ。

ソロモン海戦第二夜

第三次ソロモン海戦も夜戦になった。ヘンダーソン飛行場を洋上から砲撃する第一夜の作戦は失敗した。しかし、大規模輸送船団がガダルカナル島上陸を目指しており、ここで攻撃を諦めることはできない。

増援部隊（早潮、親潮、陽炎、海風、江風《かわかぜ》、涼風、高波、巻波、長波、天霧、望月）に護衛された輸送船十一隻は、一三日午前一一時、ショートランドに帰着したが、一四日夜の揚陸に向け一三日午後三時三〇分再出撃した。一四日の夜明けを待っていたかのように敵機に発見され攻防戦が始まった。日本側も基地航空部隊から零戦などが出撃したが被害は拡大した。

第三次ソロモン海戦の第一夜（一三日）の日本側出撃艦艇は戦艦が「比叡」「霧島」の二隻と軽巡「長良」だけだったのに対し、駆逐艦は「天津風」「雪風」「朝雲」「村雨」「五月雨」「夕立」「時雨」「白露」「夕暮」「暁」「雷」「電」「照月」「早潮」「親潮」「陽炎」「海風」「江風」「涼風」「高波」「巻波」「長波」「望月」「天霧」の二十四隻。

すでに述べたようにこのうち「比叡」が沈没、駆逐艦は大活躍した「夕立」が沈没、「暁」

は消息を絶った。

第二夜は戦艦「霧島」のほかに重巡が「鳥海」「衣笠」「鈴谷」「麻耶」「愛宕」「高雄」の六隻、軽巡は「長良」「川内」「五十鈴」「天竜」の四隻。駆逐艦は前夜に続く「五月雨」「雷」「朝雲」「照月」のほかに「白雪」「初雪」「浦波」「敷波」「綾波」「朝潮」「夕雲」「巻雲」「風雲」の十三隻が出撃した。

この編成はミッドウェー海戦以降戦力が減少している海軍としては、総力をあげて臨んだ海戦だった。ソロモン海戦の目的であったヘンダーソン飛行場を海上から砲撃して、使用不能に陥れる作戦は第一夜、手つかずのまま終わった。連合艦隊司令長官山本五十六は命じた。

「残っている艦で飛行場を再度砲撃せよ」

第二艦隊旗艦「霧島」はガダルカナル島へ向かった。そして夜に入り日米艦隊は再度激突した。一四日午後七時三〇分、ガダルカナル島攻撃隊が「敵味方不明の巡洋艦二、駆逐艦四見ゆ」を受信した。前進部隊指揮官は「戦闘」を下令した。

同八時五分「浦波」が「敵は新型巡洋艦なる」と報じたのを受け、軽巡「川内」はガダルカナル島北東にあるサボ島の東側に、駆逐艦「綾波」は西側に向かった。「川内」「愛宕」「霧島」から次々「敵らしきもの発見」を伝えてくる。

同九時一六分、敵主砲が火を噴いた。戦闘の開始である。「綾波」は同九時二〇分、サボ島南方で巡洋艦二隻、駆逐艦四隻からなる敵艦隊を発見するとすぐに、砲雷同時射撃を始めた。

午後九時三〇分、「綾波」の魚雷で敵重巡、駆逐艦各一隻が轟沈するのを確認した。しかし「綾波」も敵の集中砲火を浴び航行不能に陥った。「浦波」が救援に当たったが午後一一時四六分、一回目の爆発を起こし、一五日午前零時六分、二回目の爆発で沈没した。乗組員のほとんどは「浦波」が救助、残っていた艦長作間英邇ら三十人は、カッターでガダルカナル島にたどり着き友軍に収容された。死者、行方不明者は四十人。

ここで前夜の「夕立」に続いて奮闘した「綾波」について少し触れておく。

一九三〇（昭5）年完成。一七五〇トン。最大速力三八ノット。一二・七センチ連装砲三基、六一センチ三連装魚雷発射管三基、七・七センチ機銃二基を備えていた。乗組員百九十七人。

「綾波」が単艦で向かった相手は戦艦二隻を含む大兵力。「川内」「敷波」「浦波」はサボ島から避退したため、「綾波」は取り残されたような形になったが、逃げようとはしなかった。艦長作間は勇猛な指揮官だった。対空戦闘のため艦橋天井の鉄板を円型に切り取ってそこから首を突き出し、大声で命令を下すことで知られており、米機の銃弾にも怯むことはなかった。

「綾波」はガダルカナル島で、輸送船護衛や自ら兵員輸送の任にも就いたが、それまで度々空襲に遭いながらも、被害はほとんど受けていない。大物敵艦を目の前にした作間には「避退はなく、突撃あるのみ」だったに違いない。三四ノットの高速で米艦隊に肉薄していった。

午後九時二二分「綾波」の接近に気付いた米艦隊は、距離一三〇〇〇メートルで砲撃を始めた。「綾波」の周囲に艦橋の数倍もあるような大水柱が次々上がる。彼我の距離八〇〇〇メートルまで近づいたとき、作間は叫んだ。

「撃ち方始めッ」

一二・七センチの連装砲が火を噴く。初弾は敵駆逐艦「プレストン」に命中、さらに「ウオーク」を襲う。両艦が同時に炎上を始めた。「綾波」の乗組員に戦況を眺めるゆとりはない。バンザイを叫ぶ兵もいない。全員が必死の形相で敵艦を追う。

「綾波」も被弾したが、戦闘に支障はなく砲撃を続けた。駆逐艦の最大の武器は魚雷である。「綾波」は一番発射管近くに被弾し使用不能になったが、二、三番管は健在であり、右五〇〇〇メートルに敵艦が近づくのを待っていたかのように発射を開始した。

暗い海を走る魚雷を水雷長の双眼鏡が追う。炎上中の「ウオーク」艦首付近に命中した。同艦は一瞬にして轟沈。「綾波」の艦橋が歓声に包まれた。

さらに砲撃戦では無傷だった駆逐艦「ベンハム」からも、巨大な水柱が上がった（翌日沈没）。この海戦は僅か二五分間で終わった。米艦隊の駆逐艦四隻のうち一隻は沈み、二隻が大破して沈黙した。

「綾波」もやられた。火災が発生して機関が停まり、漂流が始まった。

ただ一隻残っていた米駆逐艦「グウィン」が「綾波」にトドメを刺そうと接近してきたところに、軽巡「長良」と駆逐艦四隻が到着して撃破、燃える「プレストン」にもトドメを刺したが、「綾波」の火災は衰えず、船体が右に傾き始めた。

作間は誘爆を防ぐため残存魚雷を海に沈めるよう指示、ありったけの浮遊物を海に投げ込ませたところで「総員退艦」と大きな声で命じた。

「綾波」の戦死者四十二人。海に飛び込んだ百五十人は、浮遊物につかまり、燃える綾波の最期を見送るようにして艦の周囲で救助を待った。

やがて「浦波」が近づき、泳いでいた全員を収容した。「綾波」はそれを待っていたかのように一五日午前零時一〇分、二度の爆発を起こしソロモンの海底に沈んでいった。

「浦波」に救助された乗組員は「敵艦四隻をやっつけた」という満足感からか、表情は明るかった。第三次ソロモン海戦第二夜の最大の武勲艦は駆逐艦「綾波」だった。

呉の海軍墓地には「綾波」戦死者の慰霊碑が建っている。

夜陰に紛れネズミ輸送

ガダルカナル島の攻防は輸送戦でもあった。日本軍は同方面の制空、制海権を米軍に奪われてしまうと、低速の輸送船ではすぐ米軍のレーダーに捕えられてしまい、夜陰に紛れての輸送もできなくなった。そこで高速の駆逐艦が緊急輸送に投入されたのである。

一九四二年一一月三〇日、ルンガ沖夜戦の日本軍は、駆逐艦八隻で第二水雷戦隊を編成した。警戒隊が「長波」（旗艦）「高波」。輸送隊が「親潮」「黒潮」「陽炎」「巻波」「江風」「涼風」。旗艦「長波」座乗の指揮官は少将田中頼三。対する米軍は重巡四隻、軽巡一隻、駆逐艦六隻の編成。

「長波」「高波」が警戒する中、ショートランド泊地を出撃した六隻は、ドラム缶各二百本を積んでいた。ドラム缶には救援物資が入っている。午前八時、第二水雷戦隊はルンガ沖に到着すると、ドラム缶の海上投下準備を始めた。同九時一五分ごろ、敵艦隊はレーダーで「高波」を発見したらしく、「高波」に向かって砲撃を開始した。「高波」

は間もなく炎上して沈没した。

田中は「輸送作業を停止し、敵艦隊に突入せよ」と命じた。

各艦は一斉に雷撃にかかり敵重巡一隻を沈没、重巡三隻を大破する大戦果を挙げたものの、ドラム缶輸送は失敗した。日本軍の損害は「高波」の喪失だけだった。その「高波」は二〇七七トンの新鋭艦。同年八月末完成したばかりで、僅か九十一日間の短命に終わったが、初陣ともいうべきこの海戦で敵艦隊の火力を引きつけ、第二水雷戦隊に雷撃のチャンスを作り出した功績は大きかった。

ガダルカナル島への駆逐艦による輸送作戦は繰り返し行われ、ドラム缶輸送が成功したこともあった。夜陰に紛れて行われることから「ネズミ作戦」と呼ばれ、アメリカ軍は「東京急行」と呼んでいた。駆逐艦輸送の外に大発による「アリ輸送」や、潜水艦による「モグラ輸送」など必死の補給が続けられたが、ガダルカナル島の大軍を維持するほどの成果は上がらなかった。

一九四二（昭17）年一二月三一日の御前会議でガダルカナル島撤退が決まった。日本軍はこの撤退作戦を「ケ号」作戦と呼んだ。「乾坤一擲」の「ケ」という。いや「捲土重来」の「ケ」だったという説もある。乾坤一擲とは「運を天に任せて思い切った行動をする」こと。海軍は「天祐神助」（人間の力だけではどうにもならない時に現れる天の助け）と同じように好んで使った言葉だ。

ガダルカナル島には一万五千人の日本兵がいた。後方からの補給が続かず、兵の多くは米兵ではなく、飢餓との戦いに敗れたといわれる。

一九四三年元日。生き残り兵一人に乾パン二個と金平糖一粒が分配された。全員が北方に向いて祖国の空を仰ぎ、涙を流しながら口にしたという。

山本五十六は「ケ号作戦」に駆逐艦の投入を決意、同作戦は年が明けて二月二日始まった。この作戦には警戒隊として駆逐艦「巻波」「舞風」「江風」「黒潮」「白雪」「文月」「皐月」「長月」。輸送隊として駆逐艦「風雲」「巻雲」「夕雲」「秋雲」「谷風」「浦風」「浜風」「磯風」「時津風」「雪風」「大潮」「荒潮」が出撃した。

第一次撤収では兵員陸軍五千百六十四人、海軍二百五十人を収容した。さらに二月四日の第二次撤収では陸軍四千四百五十八人、海軍五百十九人の救出に成功した。最後は二月七日で陸軍二千五百七十六人、海軍五十三人を救出して作戦は完了した。

日本がガダルカナル島に注入した兵力は三万三千六百人。一月末の在島者一万四千四百人。一万九千二百人が戦病死した。大部分は餓死だったという。約千人が捕虜になった。この作戦で「巻雲」が沈没した。

ガダルカナル島をめぐる日米の攻防戦は、日本軍の同島上陸から撤退まで、約半年間に及んだ。日本海軍はこの間に、高速戦艦「比叡」「霧島」をはじめとする多くの艦艇と五百機以上の飛行機、また多くの兵員を失った。

最後の撤収作戦は見事に成功したものの、日本海軍はこの海戦以降、攻勢に出る力をなくしたのであった。

ダンピールの悲劇

日本軍敗退の転機は開戦後僅か半年でやってきた。日本軍がニューブリテン島のラバウルを占領したのは、開戦間もない一九四二年一月だった。

ラバウルは中部太平洋の戦略拠点であるトラック島の防衛と、南西太平洋の制海・制空権確保、米豪連絡線切断を図る要衝であった。

ラバウル港は南北約六カイリ、東西約二カイリ、水深一八〜二五メートル。湾口は東方に開き、山の連なりが諸方向からの風をさえぎって、大型艦が収容できる天然の良好な泊地である。港の周辺には陸海軍の基地が六カ所設営されており、航空隊、方面司令部、方面艦隊司令部も置かれ大要塞を形成していた。

そのラバウルが危なくなってきた。米英などの連合国軍は、東部ニューギニア方面の前進基地整備を急ぎ、ポートモレスビーとラビに大規模な航空基地を造成した。日本軍は航空基地の整備が遅れ、しかも米軍の大型機による空襲の激化で被害が拡大、飛行機の補充遅れ、ベテラン搭乗員の相次ぐ戦死などが重なり、航空戦力は急速に低下してきた。

連合国軍の中部ソロモン方面進出も時間の問題である。日本軍がラバウルを失い、そこに敵大型機が進出してくると、日本海軍唯一の中枢基地であるトラックが機能しなくなり、南方資源地帯と日本本土を結ぶシーレーンの喪失につながるのである。

これはダンピール海峡を失うことでもあり、敵のニューギニア北岸上陸を容易にし、さらにセレベス、ボルネオ、ジャワの資源地帯の攻撃を受けることになって、日本の首根っこを締められるに等しい。

これを防ぐため日本軍は、一九四三年二月一三日、東部ニューギニアの兵力強化に乗り出し、陸軍の第十八軍司令部と第五十一師団をエラに送り込むことを決定、輸送船団は同二八日、ラバウルを出港した。エラまでの航路は、敵の制空権下にあるニューブリテン島とニューギニア間のダンピール海峡を通過しなければならない。

輸送船団は第五十一師団の主力六千九百十二人、海軍兵力約四百人、火砲四十一門、

車両四十一両、輜重車八十九両、大発三十八隻、不沈ドラム缶約三千本、燃料ドラム缶約二千本と弾薬、軍需品など総量二五〇〇トンを積載していた。

三月二日、この輸送船団に対し米豪連合軍の波状攻撃が始まった。同日の被害は輸送船一隻だけだったが、翌三日の攻撃では全輸送船（神愛丸、帝洋丸、愛洋丸、建武丸、旭盛丸、大井川丸、太明丸、運送艦野島）と、護衛の駆逐艦「朝潮」「荒潮」「白雪」「時津風」の四隻が撃沈された。

この空爆で敵機は新型爆弾を使い始めた。低空で投下した爆弾が海面を跳躍しながら目標艦に命中するという「反跳爆弾」である。

初めて見る新型爆弾に驚きながらもなんとか被弾を逃れた駆逐艦「朝雲」「雪風」「敷波」「浦波」の四隻は、砲撃で応戦しながらも生存者二千四百人を救助してラバウルに戻ってきた。戦死者は二千六百人に達した。

この海戦をビスマルク海海戦と言い、日本軍の完敗だった。別名「ダンピールの悲劇」と呼ぶ。

この海戦の後、連合国軍は日本軍の補給線を断ち、東部ニューギニアは飢餓地獄と化し、在島の日本軍将兵十四万人のうち十三万人が命を落とした。

山本最期の賭け

　ガダルカナル島を確保した米軍は、中部ソロモンへの攻勢を強化してきた。連合艦隊司令長官山本五十六は戦況の建て直しを図るため、第三艦隊の母艦（空母）航空隊を前線に投入、ラバウル基地航空隊との協同による連続航空攻勢を立案した。山本は同方面の敵艦船、航空兵力を撃滅して米軍の反攻を封じることで、輸送作戦の安全を図ろうとしたのである。

　山本は自ら「い号作戦」と命名し、ラバウルに母艦航空隊を含め飛行機三百四十八機を集結、四月七日、彼の陣頭指揮で戦闘は始まった。攻撃は四次にわたって零戦、陸攻など延べ六百八十機が出撃して展開され、敵艦船二十一隻撃沈、九隻撃破、航空機百機以上を撃墜と判断して終了した。

　ところが連合国軍側は後日、沈没五隻、飛行機二十五機喪失だったと明らかにした。日本軍は飛行機四十三機を失い、母艦、基地両航空隊とも一時的に航空攻撃が不能に陥るほどの痛手を受け、山本のい号作戦は失敗に終わった。

山本長官機撃墜さる

日本軍のガダルカナル島撤退から約二ヵ月後の四月一八日、連合艦隊司令長官山本五十六は、北部ソロモン諸島のバラレ、ショートランド、ブインなどの前線視察と現地軍激励のため一式陸攻二機でラバウルを飛び立った。

一号機に山本ら四人、二号機に連合艦隊参謀長の宇垣纏ら五人が乗っていた。

アメリカ軍は日本軍の暗号解読により、山本の前線視察を事前にキャッチ、ガダルカナル島のヘンダーソン飛行場を離陸したP38戦闘機の編隊が陸攻機を襲い、一号機はブーゲンビル島付近のジャングルに撃墜され全員死亡。一号機の機体は翌日、陸軍によって発見、遺体は収容された。山本は背後から銃弾を受けたことによる即死と判断された。二号機は海上に不時着し、宇垣ら三人が救出された。

山本の後任には大将古賀峯一が就任したが、約一ヵ月後、パラオからダバオへ移動中に行方不明となり殉職した。その後任には豊田副武が就任した。

山本の戦死は日本国民に大きな衝撃を与えた。

駆逐艦も飛行機も消耗品

日本軍はガダルカナル島から撤退したが、なお奪回の執念は捨てていない。同島に近いニュージョージアとコロンバンガラの両島を強化するため、兵力輸送を続けていた。一九四三年までは船団輸送も可能だったが、だんだん連合国軍の攻撃が激しさを増し、駆逐艦に頼る以外に方法がなくなり、同時に駆逐艦の犠牲も多くなった。

三月五日にはビラ・スタンモーア夜戦で「村雨」「峰雲」の両駆逐艦を失い、五月八日には「親潮」「黒潮」「陽炎」がコロンバンガラ近海で触雷、相次いで沈没した。「陽炎」は真珠湾攻撃以来の「不知火」の僚艦だった。

その「陽炎」について少し述べる。

五月七日午後三時二〇分、第十五駆逐隊（旗艦親潮、黒潮、陽炎）は人員、物資を積んでブインを出発し、コロンバンガラ泊地に八日午前一時到着、二時間ほどで揚陸を終え、後送員を乗せてブインへの帰途に就いた。海上静穏。午前四時前「親潮」が後部に触雷し航行不能になった。

「陽炎」「黒潮」艦内に「爆雷戦始め」の号令がかかり、両艦が威嚇射撃を始めた僅か六分後「陽炎」を猛烈な衝撃が襲った。

「陽炎」水雷長だった高田敏夫（大尉）は、「第十五駆逐隊触雷沈没記」（丸別冊・潮書房）で「間違いなく機雷であると思った。缶室の浸水で蒸気が発生できなくなり、航海不能になった。そのとき黒潮に天に沖する火柱。火柱が消えたとき黒潮の船体は三つに折れたように認められた。轟沈である。コロンバンガラ島の海岸まで約一キロ。乗組員は重油まみれで島に向かい泳ぎ始めた」と述べている。

島にたどり着いた兵は海軍五百十八人、陸軍百五十二人。「黒潮」の戦死者八十三人。「親潮」も間もなく沈没、乗組員は約八〇〇メートルのアンウィン目指して泳いだが、兵九十一人と後送員四十人が戦死。動けなくなっていた「陽炎」も戦死者と負傷者をカッターで近くの島に送り届けた後、米陸軍機の攻撃を受け沈没。戦死者は十八人だった。この三艦は姉妹艦だった。

このように駆逐艦と飛行機の消耗は数を増すばかり。一九四三年中に日本軍が失った五〇〇総トン以上の船舶は四百十七隻（一七五万総トン）にのぼった。飛行機は同年中に日本が一万六千六百九十三機の生産に対し、連合国側は九万二千百九十六機に達していた。この物量の差がその後の戦局を大きく左右したのである。

日本海軍にとって中部ソロモンの戦いは、兵力輸送の戦いでもあった。ガダルカナル島やルッセル島に航空基地を新設して、制空権を手中にしたアメリカ海軍に対抗するためには、ラバウル航空隊に反撃を命じつつ、敵機の活動が鈍る夜間に、水雷戦隊の駆逐艦によって陸上兵力や物資を輸送し、諸島の防衛に努める以外に手段がなくなったのである。

連合国軍は大将マッカーサー率いる米陸軍第六軍が、東部ニューギニアを海岸沿いに進撃、中将ハルゼーの米海軍第三艦隊が中部ソロモンを攻略し、両軍によるラバウル包囲を計画、一九四三年六月、中部ソロモンへの反攻を開始した。ラバウルの日本軍基地航空隊は直ちに反撃に出たが、時すでに遅く、重要拠点のレンドバ島の制圧を許してしまった。

勢いを増した米軍は、同島からの砲撃支援を受けてニュージョージア島に上陸。同島とコロンバンガラ島へ増援部隊を輸送中だった「新月《にいづき》」を旗艦とする第二十四駆逐隊（涼風、谷風）、第三十駆逐隊（望月、三日月、浜風）、第十一駆逐隊（初雪、天霧）、第二十二駆逐隊（長月、皐月）で編成の第三水雷戦隊がクラ湾において米艦隊と遭遇、砲雷撃戦に突入した。

「谷風」「涼風」の発射した魚雷が敵軽巡洋艦一隻を撃沈したが、日本軍は「新月」「長月」両駆逐艦を失った。「新月」は消息不明となり、乗組員全員戦死と判定。「長月」は座礁したままだったが翌日爆撃を受け、船体を放棄した。

「新月」は同年三月末竣工、五月末日付で第八艦隊に編入され、六月八日呉港を出てラバウルへ進出、ソロモン海域に出撃したばかりの新造艦だったが、米巡洋艦、駆逐艦のレーダー射撃による集中砲火を浴び、夕暮れの夜空に昇った新月がすぐに沈んでしまうように、駆逐艦「新月」も僅か三ヵ月の艦歴を残して、早々とソロモンの海に沈んでしまった。

「長月」の生存者の中には、コロンバンガラ島に泳ぎ着き、陸戦隊に編入された兵もいた。またニュージョージア島では八月三日に陥落するまで一ヵ月近く戦闘が続いた。

「神通」捨て身の夜戦

中部ソロモンの海域で激戦が続いている間にも、高速の駆逐艦と軽巡洋艦は各島の戦場への物資輸送に追われ、乗組員に休養日はない。

一九四三年七月一二日未明、灯火管制で真っ暗いラバウル・シンプソン湾から、駆逐艦「三日月」の先導で第二水雷戦隊旗艦軽巡「神通」、駆逐艦「清波」「雪風」「浜風」「夕暮」が、コロンバンガラ島へ向かって出港した。同島増援の兵千二百人と弾薬二〇トンの緊急輸送である。指揮は第二水雷戦隊司令官の少将伊崎俊二。「神通」艦長は大佐佐藤寅治郎。二人は一週間前、第三水雷戦隊司令部が全滅したクラ湾夜戦を参考にしながら「敵のレーダー射撃を十分警戒せんとなあ」と話し合いながら南下していた。

同日深夜になって第二水雷戦隊がコロンバンガラ島の北方に差しかかったとき、クラ湾で第三水雷戦隊が激闘した米艦隊と遭遇した。「雪風」が装備して間もない電波探知機で先に敵のレーダー波を捕えた。軽巡三隻、駆逐艦十隻の連合国軍艦隊である。

「戦闘用意」

「神通」艦内に司令官伊崎が下令した。同時に輸送隊の駆逐艦「皐月」「水無月」「夕凪」「松風」には「ベラ湾に反転避退せよ」を指示した。

警戒隊各艦では全員が戦闘配置に就き、駆逐艦は「神通」から一キロの間隔を保ちながら続航する。連合国軍側は単縦陣でクラ湾入り口を塞ぐようにして北上して来る。双方とも戦闘用意の態勢だ。距離六〇〇〇メートル。「神通」艦橋の見張員が駆逐艦五隻、大巡三隻の敵艦隊を視認した。警戒隊の各艦は「全軍突撃せよ」の命令を「まだか、まだか」と待っている。

午後一一時八分だった。

「探照灯を照射せよ」

司令官伊崎が命令した。

「神通」前檣から前方に向かって鋭い青白い光が放たれると、敵駆逐艦数隻が闇の海上に浮かび上がった。探照灯直射の外には大型艦も見える。目による確認はレーダーより確実だ。伊崎は決死の覚悟で命令を出したに違いない。後続の警戒隊の艦橋では「神通は自殺する積もりか」「司令官は血迷ったのではないか」の声が飛び交った。

海上における夜戦で灯りをつけるということは、敵の砲撃をすべて引き受けるという意思表示に等しい。ソロモン海戦の夜戦でも「比叡」と「霧島」が探照灯を照射した前例はあるが、その危険に「神通」は捨て身で臨んだのである。

警戒隊の各駆逐艦はすぐに「神通」の作戦意図を察知し、敵艦隊の動きをしっかりと把握した水雷長は魚雷の照準を定め直すことができた。

「照射やめ　魚雷発射始め」

司令官伊崎の号令で探照灯は消え、魚雷の発射音が響く。

「全艦突撃せよ」

突撃命令である。「神通」は艦長の「最大戦速　取り舵」指示で左へ曲がり始めた。

後続の駆逐艦も一斉に魚雷を発射しながら「神通」に続く。夜光虫をまき散らす各艦の航跡の向こうの敵艦からは花火のような閃光が走り、砲声が届き始めた。

午後一一時一三分、コロンバンガラ島沖の夜戦の開始である。

敵は「神通」に向かって一斉にレーダー射撃を浴びせてきた。「神通」はたちまち艦橋より遥かに高い水柱に包囲され、甲板には火柱が上がり始めた。乗組員が消火に追われるなかで果敢に一四センチ砲で応戦したが、敵弾が「神通」艦橋に命中して爆発、艦橋は粉砕された。艦橋にいた司令官、艦長、副長、先任参謀ら主要幹部も一緒に吹っ飛ばされてしまい、第二水雷戦隊司令部は瞬時に全滅した。

その壮絶な修羅場にあっても「神通」は戦いを止めない。舵を破壊され、降り注ぐ敵弾のなかをよろけるようにしながら、敵陣に向かって残っている魚雷を射ち出していたが、ついに缶室に敵弾を受け、機関停止に追い込まれた。

猛火が全艦に広がり、甲板には死者と傷者が幾重にも重なるようにして横たわっている。敵弾の飛来は止まらない。敵は船体の大きい「神通」だけに狙いを絞っているのか、他の駆逐艦は見向きもしない。まさに「神通」はすべての艦の身代わりとなったのである。

連合国軍の駆逐艦は、全発射管に魚雷を装填してから基地を出る。予備魚雷は積んでいないから発射を終えると、基地に帰港しない限り補充はできない。彼らは日本海軍も同じだと信じていた。戦闘能力を失った「神通」を見て意気上がる彼らは避退する日本軍駆逐艦に対し、まるで遊び半分のような砲撃を繰り返していた。

日本軍駆逐艦は避退しながら魚雷の補充装填を完了すると、編隊を組み直して再反転、「雪風」に乗艦していた第十六駆逐隊司令の大佐島居威美が指揮して、燃え盛り、沈没寸前の「神通」に自沈の魚雷を撃ち込んだ。「神通」は真っ二つに割れ、暗闇の中天に火柱を噴き上げながら壮絶な最期を遂げた。四百八十二人が同艦と運命をともにした。

島居は「神通」の敵討ちを胸に秘め、敵艦との距離を詰めていき、四〇〇〇メートルになったとき「魚雷発射」を命じた。雷跡に気付いた敵艦は、面舵いっぱいで避退しようとしたが遅かった。魚雷は連合国軍旗艦の艦首に命中、さらに後続の駆逐艦にも命中して駆逐艦一隻沈没、軽巡三隻と駆逐艦二隻が大破した。

連合国軍は日本軍の輸送も阻止できず、彼らの払った犠牲のほうが大きかった。また日本海軍の駆逐艦が予備魚雷を積み込んでいることも学んだはずである。

夜の海を泳いでいた「神通」乗組員二十一人が、近くで敵艦邀撃の任務に就いていた潜水艦「伊一八〇号」に救助された。

のちにこの夜戦で探照灯を照射して自ら敵艦隊の標的となった「神通」のことを「衣川の合戦で敵の弓矢を一身に引き受けて立ち往生した弁慶のようだった」と生き残り兵の間で語り草になっていた。

南洋の海域で、日本軍と連合国軍の熾烈な戦いが続いているこの時期、駆逐艦「不知火」はまだ舞鶴工廠のドックで修理を急いでいる。

軽巡「神通」がミッドウェー海戦に第二水雷戦隊旗艦として出撃したとき、その指揮下でともに戦ったいわば僚艦だ。ここで数奇な運命をたどった「神通」（五一九五トン）について少し触れて置きたい。

「神通」は一九二五（大14）年に竣工した軽巡洋艦。一九二七（昭2）年八月二四日、島根県の美保ヶ関沖で行われた大演習の夜間訓練で暗夜の高速運転中、駆逐艦「蕨《わらび》」と衝突した。

「蕨」は沈没し、乗組員九十二人が死亡。同時に軽巡「那珂」が駆逐艦「葦」と衝突、同艦が艦尾を切断する大惨事を起こした。「神通」の艦長水城圭次は責任をとって自刃した。水城の自刃は、海の武人らしい出処進退だとして国民に感銘を与えた。

一九四二年二月二七日のスラバヤ沖海戦では、敵駆逐艦一隻を砲雷撃で沈没させ、ミッドウェー海戦では「不知火」らと船団護衛に当たり、第二次ソロモン海戦でも船団護衛を務めた。

岐阜県から富山県を流れる神通川《じんずうがわ》から命名されたが、海軍は「じんつう」と呼んでいた。「神通」には海の武人の伝統が引き継がれていたのかも知れない。

潮の流れに身を任せ

戦争に休日はない。コロンバンガラ島沖の夜戦では、軽巡「神通」の捨て身の奮戦などにより同島への輸送はどうにか達成したが、ニュージョージア島の戦況は日ごとに深刻化、再度コロンバンガラ島の強化が必要になった。

八月六日、兵九百四十人と物資九〇トンを送り込むため、輸送隊の駆逐艦「萩風」「嵐」「江風」の三隻と警戒隊「時雨」がラバウルを出撃した。

これに対し米軍は、駆逐艦六隻からなる迎撃隊をベラ湾に派遣。同夜九時、先に日本軍を発見した米軍が魚雷を発射し、輸送隊の駆逐艦三隻はあっけないほどの短時間で撃沈されてしまった。日本軍の僅か一〇分間の敵艦発見遅れが響いた。警戒に当たっていた「時雨」も魚雷発射で応戦したが、戦果はなく、ラバウルに帰投した。

撃沈された三隻の乗組員は沈没直前、海に投げ入れた木片にすがりついて潮の流れに身を任せて漂っているうち、七日から九日にかけてベララベラ島の海岸に漂着した。命拾いしたのは「萩風」「嵐」の各七十人と「江風」の四十人だった。

また輸送中の陸軍兵士も百二十人が同島に漂着した。島に食料はなく、武器や道具もない。両軍兵士はたどり着いたその日から、草の根や木の実で飢えをしのぎながら島の南部へ移動しているとき、敵の大軍が上陸してきた。裸同然の彼らはジャングルに逃げ込み、言語に絶する辛酸を嘗め尽くしたところで偶然、日本の陸戦隊に遭遇して救出された。遭難から二十日が過ぎていた。

連合国軍はこの海戦で、夜戦を得意とする日本軍にやっと勝利し、日本軍の駆逐艦による輸送作戦は失敗した。

カエルに呑まれた日本軍

日本軍の敗退が続く限り駆逐艦乗組員は、生命を盾にして連合国軍との海戦の最前線に立ち続けなければならない。駆逐艦には艦長以下、航海長、砲術長、水雷長、主計長、航海士の各士官が乗艦している。その下に下士官と兵がいる。もう少し駆逐艦乗りたちの海戦を追いたい。

連合国軍は日本軍が次の決戦場と狙い定め兵を増強し、陣固めをしたコロンバンガラ島を素通りして、まるで奇襲するかのように八月一五日、ベララベラ島に六千人の兵を上陸させてきた。コロンバンガラ島の日本軍を孤立させる策に出たもので、日本軍は完全に裏をかかれたのだ。当時、ベララベラ島の日本軍守備隊は僅かに七十五人だった。

上陸した連合国軍は直ちに新しい滑走路の建設を始めた。コロンバンガラ島にいる日本軍は在島価値を失ったため、その兵力を撤収してベララベラ島に投入することにした。この作戦に第三水雷戦隊は、夜戦部隊として第十七駆逐隊の「漣」「浜風」「磯風」、第二十七駆逐隊の「時雨」をあて、輸送部隊は艦載水雷艇、武装大発、駆潜特務艇など二十二艇で臨んだ。

八月一七日夜、ベララベラ島近くで四隻の米軍駆逐艦と遭遇、雷砲撃戦になったが、双方ほとんど被害はなく、日本軍はコロンバンガラ島からの撤退に成功した。

同島から撤退したことにより中部ソロモン海域で日本軍が残っているのは、チョイセル島とベララベラ島の二島だけになった。まずベララベラ島守備隊を撤退さすことになり再度、第三水雷戦隊の出動が決まった。夜襲部隊が旗艦「秋雲」と第十駆逐隊の「風雲」「夕雲」、第十七駆逐隊「磯風」、第二十七駆逐隊「時雨」「五月雨」。輸送部隊は第二十二駆逐隊「文月」と付属の「夕凪」「松風」。収容部隊などとして、小艇四十四隻が同行した。

一〇月六日、第三水雷戦隊はラバウルを出撃した。午後八時五五分、敵艦が魚雷を発射し砲撃を始めた。日本軍も司令官大佐伊集院松治の命令により応戦開始。魚雷を発射した直後、敵の集中砲火が「夕雲」に向けられた。その「夕雲」が果敢に魚雷を発射した午後八時五七分、敵弾を受け火災が発生。「夕雲」の魚雷も敵駆逐艦に命中、沈没させたが、「夕雲」も同九時五分、被雷し僅か五分で沈没した。

「五月雨」「時雨」が合わせて十六本発射した魚雷も、敵駆逐艦に命中、大破させ戦闘不能に陥れた。収容部隊の小艇は、島に残存していた日本兵全員を収容して翌朝、それぞれ帰投した。

一九四三年一〇月時点で日本軍は、中部ソロモンの全島を奪われ、日本軍がソロモンの海域で支配しているのは、北部ソロモンのブーゲンビル島とその付属島だけになった。

ソロモンの砦を死守せよ

ブーゲンビル島はソロモン諸島の中でも最大の島で、日本軍の最終防衛拠点である。周辺諸島を含め当時三万三千人の日本兵がいた。それでも市販の世界地図帳には載っていないほどの小さな島だ。その沖合で日米両軍の死闘が展開されたのが、ブーゲンビル島沖海戦である。日本海軍はそれまで温存していた決戦兵力の多くを、この海戦に投入して起死回生を図ろうとしたが果たせなかった。

日本軍はガダルカナル島、ソロモン諸島、東部ニューギニア、ビスマルク諸島の南太平洋地域を南東方面と呼んでいた。一九四三年初頭の同方面の兵力は第十一航空艦隊と、第八艦隊で構成する南東方面艦隊と第十七軍、第十八軍、第六師団、第六飛行師団による第八方面軍である。

同年一一月一日午前七時、連合艦隊司令部に第一報が届いた。

「敵、タロキナに上陸中」

ブーゲンビル島のほぼ中央西岸のタロキナ海岸は、ヤシの樹林が広がっているだけ。その海岸に連合国軍海兵隊一万四千人が上陸した。そこにいた日本軍守備隊は僅か二百七十人。

「ブーゲンビル島を制圧されるとラバウルが敵の直接攻撃圏内に入る。何としても防ぐのだ」

第一報を受け取った連合艦隊司令長官古賀峯一は、直ちにトラックにいた中将栗田健男率いる第二艦隊の遊撃部隊に「南方方面部隊の増援に向かえ」と下令した。

栗田指揮の遊撃部隊重巡七隻（愛宕、高雄、麻耶、鳥海、鈴谷、最上、筑摩）と軽巡「能代」、駆逐艦四隻（玉波、涼波、藤波、早波）は、三日午前七時四五分、トラックを出撃、五日早朝にはラバウルに到着。ここで燃料補給を終えると陸軍部隊一個大隊（八百八十人）のタロキナ逆上陸支援に向かうことになっていた。

ところが午前九時二〇分ごろ、ラバウルが米艦上機百機による空襲に見舞われた。すぐに零戦七十一機が迎撃に飛び立ち、陸上砲台や各艦の対空砲も一斉に火を噴いたが、防ぐことはできず「愛宕」「高雄」「摩耶」「最上」「筑摩」「能代」「藤波」と、襲撃部隊所属の「阿賀野」「若月」が命中弾を受け損傷、百三十人が戦死した。

待ち構えていた米軍の奇襲攻撃だったのだが、これはラバウルがすでに日本側の航空優勢下ではなくなったことを示しており、「ラバウル危し」と考えた栗田はトラックに引き返してしまった。古賀の下令は完全に失敗だった。逆上陸部隊はその後、第十戦隊などの援護で七日実行され、陸兵一個大隊を揚陸した。

一方、第八方面軍と南東方面艦隊は、急きょ連合襲撃部隊（指揮官少将大森仙太郎）を編成した。第一襲撃部隊が重巡「妙高」「羽黒」、第二襲撃部隊が軽巡「川内」と駆逐艦「時雨」「五月雨」「白露」、第三襲撃部隊が軽巡「阿賀野」と駆逐艦「長波」「初風」「若月」、輸送隊が駆逐艦「天霧」「夕凪」「文月」「卯月」「水無月」の陣容である。

「敵艦船の捕捉撃滅と歩兵一大隊のタロキナ付近への揚陸作戦を実施せよ」

命令を受けた連合襲撃部隊は一日午後三時三〇分、ラバウルを出撃、同日夜、タロキナに向け南下中、これを探知した敵艦隊は軽巡四隻、駆逐艦八隻で北上、ブーゲンビル島沖で遭遇、海戦が始まった。

二日夜の海上は波静かで平穏。天気は薄い雲が出ている程度。月齢3。視界八―一五キロ。午前零時一〇分ごろ「羽黒」を激震が襲った。敵のレーダー射撃だ。敵との距離目測七〇〇〇メートル。駆逐艦「時雨」に乗艦していた第二十七駆逐隊司令原為一（中佐）が艦内に「発射始め」を下令すると同時に、後続の「五月雨」「白露」も信号灯でこの下令を察知し雷撃を開始。距離は五〇〇〇メートル。

同じ刻限に敵駆逐艦四隻も魚雷を発射してきた。狙いが「川内」に向いていることが分かり「川内」は魚雷回避の大回頭を始めた。後続の「時雨」はあわやまともに衝突かと両艦の乗組員が悲鳴を上げる寸前回避した。

ところが「時雨」の後に続いていた「五月雨」と「白露」が「時雨」を避けきれず衝突した。日本軍が隊列を乱しているところへ敵巡洋艦発砲の砲弾が「川内」に命中した。「川内」は果敢に応戦していたが、敵のレーダーによる集中射撃を避けきれず、缶室で火災が起こり、操舵もできなくなった。射撃装置も故障し艦全体が火だるまになって漂流を始めた。

「阿賀野」らの第十戦隊は、「川内」らの第三水雷戦隊と距離を置いて行動していたため両隊の連携が取れず、攻撃もバラバラだったことから、各艦が陣形調整の大回転に移ったとき「初風」が旗艦「妙高」左舷の魚雷発射管付近に激突した。

すでに触れたように駆逐艦はブリキ艦といわれたように外板が薄く「初風」は一瞬にして艦首が切断され、船体もスクラップのようになって航行不能となり漂流を始めた。

この衝突の模様について測的士として「妙高」に乗艦していた中嶋昭夫（大尉）は「丸別冊・空白の戦記」（潮書房）に次のように記している。

「青白い航跡をひいて疾走してくる真っ黒い船体が目に飛び込む。『面舵一杯！』。航海長の叫び。急速転舵も間に合わず、黒い、巨大な物体は、左舷魚雷発射管付近に激突、艦は大震動と同時にグラッと左玄に大傾斜する。なんともぶきみな一瞬である。敵魚雷艇と見えた相手は『ワレ　ハツカゼ』と発信する。この夜は闇夜で目標となるのは敵の発砲する閃光以外に何物もなかった」

艦の無線は封鎖されており、灯火管制状態のところに黒い物体が近づくと、発光信号を出さない限り敵味方の識別はできない。同士討ちの悲劇は海上戦闘では珍しいことではない。同夜も敵の巡洋艦と駆逐艦が衝突、双方とも舷側部を大破している。

「川内」は、全艦猛火に包まれながらも抵抗を続けていたが力尽き、沈没した。乗組員約百三十人は二隻のカッターに分乗して助かったが、三百三十四人が戦死した。「白露」と「五月雨」は帰投したが、「初風」乗り組みの三百五十人は全員戦死。「羽黒」も被弾したが被害は小さかった。大森率いる連合遊撃部隊は、トロキナ沖の敵艦隊攻撃を拒まれ、二日午前九時過ぎラバウルに帰投した。

日本軍はこの海戦に出撃する前、トラックでレーダー射撃の訓練を積み、確信を深めていたが、やはり一日の長があるアメリカ軍には及ばず、日本軍が得意とした夜戦も、レーダーの前に屈した。

ブーゲンビル島の灯も消えて

ブーゲンビル島沖の航空戦は一一月五日の第一次から八日、一一日、一三日、一七日、一二月三日までの六次にわたって展開された。

このうち一―三次航空戦では延べ、零戦二百二十五機、艦爆七十一機、艦攻四十八機、陸攻十六機が出撃し、敵空母二隻、戦艦三隻、巡洋艦三隻を轟沈または撃沈したと報じられたが、実際の敵の被害は軽微だったという。日本軍は飛行機百二十一機と多数の搭乗員を失った。

アメリカが次々新鋭機を開発して戦場に送り込んでくるのに対し、日本の飛行機は開戦当時のままで、開発力の差が如実に示された戦いでもあった。また、日本の航空部隊が出撃するたびに被害が拡大したのは、アメリカの飛行機本体の性能向上もさることながら、高角砲や砲弾の著しい進歩も見逃せない。

特に砲弾の中に超小型の発信機と受信機が内蔵されたＶＴ信管（近接自動信管）を開発して、同海戦から使い始めたことだ。この砲弾は自ら発信した電波を目標に反射させて受信すると、自動的に起爆装置が働いて爆発するという新兵器である。

それまでの高角砲弾は予めセットした高さに達したとき、時限装置が働いて爆発するのに対し、ＶＴ信管は目標の一定範囲内を通過するだけで反応して爆発する「必ず命中弾」なのである。日本軍はこの新兵器のことは戦後まで知らなかったそうだ。

一二月三日の第六次でブーゲンビル島沖航空戦は打ち切られた。日本軍は惨敗し連合艦隊のソロモン作戦は終了した。

一方、日本軍が著しく劣勢に陥った一一月二一日、米艦隊は猛烈な砲爆撃を繰り返した後、ギルバート諸島のタラワ、マキンに上陸を開始、同諸島は二六日、米軍に占領された。ブーゲンビル島のタロキナにあった陸軍歩兵第二十三連隊の二個大隊は兵力を結集、逆上陸部隊に呼応して一一月七日から攻撃を始めたが、飛行機と砲兵隊に支援された米軍海兵隊の反撃に遭い、ジャングルの奥深く後退した。

日本軍はブーゲンビル島の北に位置するブカ島に、ラバウルから駆逐艦による増援輸送を続けていたが、一一月二四日、セントジョージ岬の東方三〇カイリで、日本軍が行うラバウルからのネズミ輸送を断ち切ろうと、待ち伏せしていた米軍との大海戦になり、同日夜半、駆逐艦「大波」「巻波」「天霧」「夕霧」「卯月」が、陸兵九百二十人をブカ島に揚陸して交代要員収容を終えた二五日午前零時過ぎ、五隻の米駆逐隊の雷撃を受け「大波」「巻波」「夕霧」が沈没した。

「大波」は同年一月、第三十一駆逐隊に編入されたばかりの新造艦。ガダルカナル撤収作戦参加後、ラバウルに進出して輸送作戦に当たっていた。乗組員は全員戦死。

この敗北でブカ輸送は打ち切られた。それ以後、日本軍のブーゲンビル島補給も断たれ、島内に残留していた日本兵は、飢えと病気と敵兵の三者相手の戦いが続き、約一年で部隊は半減した。

やがて上陸してきた豪軍との戦闘を続けながら日本軍は、ジャングルを開墾してサツマイモを栽培し飢えをしのいだ。ブカ島の戦闘が終わったのは一九四五年八月一八日。

「この朝、胴体に日本降伏という日本文字をつけた敵の飛行機がジャングルすれすれに何回となく飛び回り、ビラを散布した。我々は気にもかけず、第二回目の砲射撃の準備を終わった。その日の夕方、私たちは『ご聖断により戦争は終わった』ことを知らされた」（丸別冊「ブカ地区警備隊の敢闘」海軍大尉八十七警備隊副長本田清治・潮書房）

彼らは補給を断たれて一年半以上もブーゲンビル島を守るために戦った。それがラバウル基地を守ることだと信じていたからである。

本田は「ブカ地区部隊の停戦交渉は九月二〇日開始された。部隊は逐次タロキナ収容所に収容され、十月二日、海軍第八十七警備隊本部を最後にすべての部隊がブカ地区に眠る戦友の英霊に別れをつげ」島を後にしたと述べている。

一九四四年初めには、七千人いた海軍兵士は二千九百人となり、陸軍は九十五人になっていたという。ブカ島のこうした戦いは一例に過ぎない。

さらばラバウルよ

ブーゲンビル島は連合国軍の手に落ちたが、ラバウルはまだ放棄していない。ラバウルのあるニューブリテン島各地には対空レーダーを設置しており、敵機のラバウル接近を早めに探知すると、零戦隊は余裕をもって迎撃態勢を取り、昼間の空襲を防いでいた。ところが一二月一七日以降は、米軍機が連日大編隊で来襲するようになった。零戦隊は十七日、来襲九十機のうち二十二機、二三日には七十七機のうち二十四機を撃墜するなど善戦したが、年が明けて一月に入るとラバウル空襲は激しさを増し、九日百八十機、一七日二百機が押し寄せ、港内に碇泊中の艦艇が被害に遭い、大型艦の在泊は困難になった。

連合艦隊司令長官古賀峯一は、トラックにいた第二航空戦隊（飛鷹、隼鷹、龍鳳）の飛行機隊にラバウル進出を命じた。

二五日、同隊の零戦六十二機、艦爆、艦攻各十八機がラバウルに到着し、零戦隊は活気を取り戻したが、それも束の間、三〇日に米艦隊が大挙してマーシャル諸島に来攻、空襲と艦砲射撃を繰り返した後の二月一日、クェゼリンに上陸を始めると、七日には同島を占領されてしまった。クェゼリンの西方一八〇〇キロにあるトラックは泊地としての安全性を失った。

トラックに碇泊していた古賀率いる連合艦隊主力は二月一〇日、敵機の空襲を避けるためパラオ諸島へ退避を始めた。

母艦航空隊を消耗した連合艦隊は、最早敵を迎え撃つだけの戦力が残っていなかったのである。

二月一七日早朝、米軍潜水艦十隻がトラックの周辺海域を警戒するなか、米機動部隊の空母五、軽空母四、戦艦六、重巡五、軽巡五、駆逐艦二十八の総勢五十三隻と搭載機六百六十五機が大挙して来襲、日本軍戦闘機隊は潰滅した。トラックに碇泊していた艦艇も脱出を拒まれ、日本海軍が中枢基地として偉容を誇っていた連合艦隊の泊地は、防衛線の役割も失ったのである。古賀はラバウルの全航空兵力の引き揚げを命令、全機が二八日までにラバウルを去った。

この空襲で受けた日本軍の被害は甚大だった。

沈没が軽巡「那珂」「香取」と駆逐艦「舞風」「太刀風」「追風」「文月」のほかに駆潜艇五隻、船舶三十一隻。七隻の艦艇が損傷、飛行機二百七十機も喪失した。死傷者六百人。

レイテ沖海戦の予鈴

一九四四年一〇月一〇日沖縄

「米機動部隊が南西諸島方面に出現。午前六時四〇分から午後四時まで、艦上機四百機が四次にわたり沖縄、奄美大島、沖永良部、南大東、久米、宮古の各島を空襲。敵所在つかめず反撃ならず。那覇市は灰燼に帰す」（公刊戦史）

これは米軍がレイテ沖進攻をあらかじめ日本軍に告げるかのような、台湾沖航空戦の始まりだった。この空戦における連合艦隊の作戦指揮は拙劣を極めた。情況判断の甘さと戦果の誤認が重なり、その後の戦いの帰趨を決めたといっても過言ではあるまい。米軍艦上機の大編隊はまるで南へ帰る渡り鳥の大群のようで、フンをしながら飛んでいるかのように爆弾を投下した。

この日の米戦爆連合による沖縄本島空襲は、午後三時五〇分まで四次にわたって行われ、飛行場、艦船、港湾施設のほか那覇市内に執拗な攻撃が繰り返された。沖縄方面に配備されていた戦闘機隊の西第四空襲部隊では、午前九時三〇分に第二次攻撃が始まると十機が迎撃に飛び立ったがほぼ全滅、西第二空襲部隊も整備中の二機を除く二十一機をすべて喪失。敵機九機撃墜と報じられたが日本軍は合計四十五機を失った。

また艦艇は特務艦など二十二隻沈没、船舶も六隻が沈没または大破した。来襲した米機動艦隊は正規空母九、軽空母八、重巡四、戦艦六、軽巡十、駆逐艦四十八にのぼった。

沖縄空襲前日の九日夜、「二十五抗戦司令官の主催で小禄地区の村長及び国民学校長夫妻の招宴が催され、司令部及び南西諸島空の主要職員も同席」（公刊戦史）しており、第三十二軍も同夜、軍司令官が翌日から実施予定の演習に参集していた主要幹部の招宴を開いていた（同書）ように、沖縄では迫りくる敵軍のことを全く警戒していなかったのである。

一二日台湾

午前三時四〇分、全島に空襲警報発令。同六時四八分以降、数次にわたり敵艦上機延べ千百機が来襲、全島が連続空襲下におかれた。これは以後三日間にわたった米機動部隊の台湾空襲の始まりを告げるものでもあった。

日本の西第四空襲部隊（第八飛行師団）の陸海軍機百二十機が邀撃に当たり、約五十機を撃墜破したと報じられたが、日本軍も八十機を失った。敵機の空襲は二十から百機の編隊で来攻、ほぼ台湾全土に及び航空基地、港湾に猛攻を加えた。台湾の各基地に帰還した搭乗員報告を総合すると撃沈二（艦種不詳、うち一隻空母の算大なり）中破二（同）となっているが、後日、米側は被害ゼロと公表している。日本軍の帰投二十五機、未帰還五十四機だった。

一三日台湾

この日は台風の接近で天候は荒れていたが、延べ千機内外の米軍機が来襲、台湾南部の飛行場、港湾を集中攻撃した。地上からの対空砲で十八機撃墜と報告された。

一方、日本軍のT攻撃部隊は得意の夜戦に出撃、次の戦果が報告された。

午後六時四三分＝空母二番艦攻撃。僚機が一番艦攻撃。両艦とも魚雷命中し炎上撃沈。駆逐艦一隻撃沈▽同五五分＝戦艦を雷撃。火柱が認められたため命中の算大なり。また空母四カ所から炎上▽午後七時＝護衛巡洋艦に魚雷命中。轟沈したように見えた▽同五分＝計七本の火柱確認。空母らしきもの一隻轟沈を目認。空母轟沈（別機）。米側の発表は重巡一、空母一損傷のみ（ただし一隻は大破し動けず）だった。

T攻撃部隊はマリアナ沖海戦で敗退以後、それまでの戦法では米機動部隊への攻撃は通用しないと判断、天候不良を利用しての奇襲攻撃を着想、ベテラン搭乗員を集めて編成した特別部隊である。台風接近を利用することからT攻撃部隊と呼んだ。悪天候下では日本軍の攻撃は不可能と考え、敵が油断したところを狙って、精鋭による夜間攻撃隊で奇襲しようというのである。これは出撃する側にとっても、台風という敵の中を進撃する命がけの飛行だ。

日本海軍の一〇月一日現在のこの海域で実働可能な総航空兵力は千二百五十一機。このほかに本土防衛兵力として戦闘機、偵察機合わせ百十機があったに過ぎない。そこで東北、関東などに配備の飛行機が南九州の基地に集められたが、僅か百五十四機という貧弱さだった。一二日から三日間にわたる米機動部隊との戦闘で百二十六機と搭乗員百九組を損耗（T部隊）しており、一〇月末までに戦力回復の見込みはなく、搭乗員も八十組を残すだけになっていた。

戦果過大視に警鐘

公刊戦史に掲載されている連合艦隊司令部のT攻撃部隊戦果報告。

一二日、一三日ノT攻撃部隊ノ綜合戦果左ノ通

一二日　空母六乃至八隻轟撃沈（内　正規空母三乃至四隻ヲ含ム）

一三日　空母三乃至五隻轟沈（内　正規空母二乃至三隻ヲ含ム）

右ノ外両日共相当多数ノ艦艇ヲ撃沈破セルモノト認ム

この報告を見た第一戦隊司令官宇垣纒は、一四日の戦藻録に記している。

「連合艦隊参謀長は前述攻撃部隊の戦果をそのまま発表せり。士気昂揚には大ゲサなる

も可なる時あるも、作戦指導の任に在る者、徒らに戦果を過大視して有頂天に陥るは大いに警戒を要す」

こうした誇大報告がミッドウェー海戦以来随所に見られ、後の作戦に大きな影響を与えたことは否めない事実である。

一四日台湾

米機二百五十機が飛来、空襲したが、同日はこれで終わりだった。

日吉の連合艦隊司令部はこの日午後零時一六分、航空部隊に加え水上部隊をも投入することが戦果拡大のチャンスと捕え、第二遊撃部隊指揮官志摩清英（中将）に下令した。

「第二遊撃部隊（第二十一戦隊、第一水雷戦隊）ハ準備出来次第速ニ出撃　台湾東方海面ニ進出　好機ニ投ジ敵損傷艦ノ捕捉撃滅並ニ搭乗員ノ救助ニ任ズベシ」

台湾の新竹に滞在中の連合艦隊司令長官豊田副武からも電令が発せられた。

「敵機動部隊はわが痛撃に敗退しつつあり。基地航空隊及び第二遊撃部隊は全力を挙げて残敵を殲滅すべし」

午前九時三〇分ごろ台湾上空から敵機が去ると、敵艦上機は全く姿を見せなくなった。日本側はT攻撃部隊の大戦果のせいだと信じ込み、敵機動部隊殲滅の好機到来と考えた。

そこで二航艦、三航艦などの基地航空兵と三航戦、四航戦の兵力で編成された総攻撃部隊約三百八十機は一四日朝から九州基地を発進、沖縄で給油を終えると第一攻撃隊は午後一時三〇分、第二攻撃隊は同二時三〇分、それぞれ残存敵機動部隊を求めて出撃した。目標の敵は石垣島の南西九〇カイリにいるはずだ。

第一攻撃隊は敵艦隊を発見し、攻撃態勢に入ったが、猛烈な対空砲撃に遭い、多くが撃墜された。第二攻撃隊は敵を発見できず台湾基地に帰投した。この日、昼間における両攻撃隊の損害は保有機の三割に当たる百十二機だった。

T攻撃部隊は四十二機で、石垣島南方海上にいる敵部隊を目指して、夜間攻撃に向かった。帰還搭乗員の戦果報告は「大型空母一、小型空母一、重巡一が炎上するのを確認」。別の搭乗員は「小型空母一、戦艦一、軽巡二の数カ所より発生の火災を確認」と報告した。T攻撃部隊は二十七機が未帰還。

米側の資料では空母一小破、軽巡一大破一小破、駆逐艦二小破。こうした誇大戦果報告に連合艦隊が浮かれていたころの一六日午前一〇時三〇分、日本軍の索敵機が「高雄の九五度四三〇カイリ（台湾の東方）に西航中の空母七、戦艦七、巡洋艦十数隻からなる無傷の敵機動部隊を発見した」と報告してきた。

「アメリカ艦隊は潰滅したのではなかったのか」

「あの大戦果は大うそだったのか」
連合艦隊司令部は全員が顔色を失った。

大本営の大うそ発表

戦後、国民は「大うそ」発表のことを「大本営発表だ」と言ったものである。公刊戦史「海軍捷号作戦〈1〉」よりその大本営発表の一部を引用する。

大本営発表（昭和十九年十月十九日十八時）
我部隊は十月十二日以降連日連夜台湾及「ルソン」東方海面の敵機動部隊を猛攻し其の過半の兵力を壊滅して之を潰走せしめたり
（一）我方の収めたる戦果綜合次の如し
轟撃沈　航空母艦十一隻　戦艦二隻　巡洋艦三隻　巡洋艦若は駆逐艦一隻
撃破　航空母艦八隻　戦艦二隻　巡洋艦四隻　巡洋艦若は駆逐艦一隻　艦種不詳十三隻　其の他火焔を認めたるもの十二を下らず

撃墜　百十二機（基地に於ける撃墜を含まず）
（二）　我方の損害
飛行機未帰還三百十二機
（註）本戦闘を台湾沖航空戦と呼称す

戦後判明した米軍の損害は、沈没が上陸用高速輸送艦一、損傷は軽巡二、上陸用輸送船二の計五隻だった。

楽勝ムードが吹っ飛んだ連合艦隊司令部は、すでに出撃中の志摩率いる第二遊撃部隊のほかに、第一遊撃部隊を出撃させることになり、同部隊が所属する栗田健男指揮の第二艦隊に対し、午後二時五分「出撃準備ヲナセ」の電令を発した。このときレイテ沖海戦開始の導火線に点火されたのである。

「不知火」最前線に復活

一九四二年九月から舞鶴工廠で修復工事を急いでいた駆逐艦「不知火」は、翌年一一月、一年二ヵ月ぶりに舞鶴工廠ドッグを出渠した。

同月一五日、第九駆逐隊に編入され、舞鶴港を出港して母港の呉に向かった。艦橋から前部が新造艦のように真新しくなった「不知火」は、日本海を快調に西下して約一年半ぶりに呉港に入り錨を降ろした。乗組員の多くは、長い修理の間に別の艦や地上勤務に異動しており、修復完了と同時に乗艦した兵も多かったが、ゆっくり呉の休日を楽しむ時間は与えられなかった。

出渠と同じ日に着任した艦長は荒悌三郎（少佐）。荒は乗艦して艦橋に入ると、これも新しく祀られた不知火神社に柏手を打って礼拝、戦勝と航海の安全を祈ると、主だった乗組員を前甲板に集めた。

「内南洋、外南洋では日米の激しい戦闘が展開されている。日本海軍は華々しい戦果を挙げており、各駆逐艦隊の勇猛ぶりは米英軍を震え上がらせている。わが不知火もこれから約二ヵ月、厳しい訓練を行う。その間に海戦の勘を取り戻さなくてはならない」

荒は険しい顔で訓示した。

「不知火」は一一、一二月、内海で昼夜の区別なく砲撃、雷撃、艦隊護衛の訓練を続けた。かつての駆逐艦乗組員の手記には、「夜戦の訓練が最もこたえた。夜戦は日本海軍の得意技だったから、上官の厳しさは特別だった」とある。海軍名物の根性棒と呼ぶ樫のバットで、兵の尻を叩く制裁も容赦なく行われた。

二ヵ月に及ぶ猛訓練を終えた「不知火」は一二月二二日、呉港に帰投するとすぐに臨戦準備にかかった。乗組員は久しぶりに母港で新年を迎え、交代で上陸許可が出たが、軍港の夜の街も物資不足に見舞われており、ハワイ海戦から凱旋したころのような賑わいも、歓迎する市民の姿も消えていた。それでも艦内では雑煮などが振舞われ、同年兵の気安さから「お節料理も今年が最後かも知れんなあ」と話しながら、酒保で求めた一升瓶を傾け合いささやかに正月を祝った。酒が飲めない兵は艦内製のラムネである。

年が明けた一月五日、「不知火」は呉港を出て佐伯に寄り、船団護衛の任務に就くと七日、パラオに向け佐伯泊地を後にした。舞鶴で修理中も艦を離れることなく、整備に当たっていた下士官や古参兵は「やっとキスカの恨みを晴らす時がきたぞ」と意気盛んなところを見せていた。ウエワク輸送に従事するため一六日、パラオに到着すると、ニューギニア部隊西部警備部隊の護衛部隊に所属して敵潜掃蕩、船団護衛の多忙な任務が待っていた。

二三日にパラオを出港、輸送船団を護衛してニューギニアのウエワクへ向かい二八日到着すると、敵機の来襲を警戒しながら物資などを揚陸。休むことなく西に約二五〇カイリのホーランジアに向かい、そこから船団を護衛して二月三日、パラオに戻ってきた。

この間、全く休みなしの緊張の日々。ここで二一日まで機関整備などを行い、人員、物資を乗せて出港、二三日には再度ホーランジアに到着して人員、物資を揚陸すると、翌日午後四時二九分にはウエワクに入港、同五時に港を離れ、次の目的地に向かうという超過密スケジュール。

二八日には、ウエワクに引き返すなり敵機二機の攻撃をうけ交戦。対空砲で撃退するとすぐに輸送任務に就き、パラオに向かった。

三月一日、パラオに着くと乗組員には交代で束の間の休養が与えられた。六日には船団を護衛して台湾の高雄に向かい、一三日到着した。さらに一五日、船団護衛に就いて高雄から門司に向かい、二一日午後一時三四分、洲野崎の南五〇〇メートルの地点で護衛の任務を解かれ、母港の呉に入港、直ちに入渠して探信儀装備工事を行った。

三月三一日、「不知火」は、「薄雲」「霞」とともに第十八駆逐隊を再編成、第五艦隊第一水雷戦隊に編入され、北方部隊水雷部隊として四月二日、大湊に向け呉を後にした。「霞」とはキスカで米潜水艦の雷撃を受け、大破して以来の合流である。互いに顔見知りの乗組員もおり、四日に大湊に入港すると、「元気だったか」「また一緒に敵艦と戦おう」「艦対抗相撲大会もやりたいなあ」などと声を掛け合ったが、旧交を温める休みはない。すぐに敵艦隊撃滅掃蕩船団の護衛に就き、釧路港から「白陽丸」を護衛して幌筵海峡に向かった。

六月二一日に横須賀に入港するまで、千島方面の海域で休みなく護衛任務が続いた。横須賀では機銃を増設し、同月二八日、伊号第三輸送隊を護衛して再び北に向け出撃、七月末まで北方海域で護衛任務を果たした。

八月二日、横須賀に帰港すると、第二遊撃部隊に編入され、同月一一日に父島輸送の軽巡「木曾」「多摩」を護衛して父島に向かい、翌日、無事到着して輸送物資を揚陸した。

任務を終えた「不知火」は、「薄雲」「霞」の両艦とともに呉に向かっていた一三日午前五時三七分、漂泊中の日本軍の大発を発見、遭難者を救助して呉に帰港した。乗組員にとっては久しぶりの母港だったが、戦雲は急を告げており、兵たちの入港した時の最も楽しみにしている上陸も制限され、港の桟橋を行き交う兵の数も少なかった。

二二日、呉を出港すると柱島泊地に寄った後、人間魚雷回天の基地がある山口県徳山沖の大津島《おおづしま》に行った。なぜ秘密にされていたこの島に寄港したのか。「不知火」行動摘要の二五日のところに「評（標か）的発射」とある。ハワイ奇襲作戦で使用された特殊潜航艇のことを「甲標的」と呼んだが、駆逐艦に回天発射装置は備えていないから、回天の訓練標的発射を行ったのかも知れないが、詳しい記録は残していない。

さらに呉港に戻り入渠したのが八月二七日。「不知火」の「交戦記録」「功績概要」記録はこの日で終わっている。

ちょうど二ヵ月後の一〇月二七日「不知火」は、フィリピンのバナイ島北方で米軍機に爆沈された。この二ヵ月間の記録も艦と一緒に海の藻屑になったものと思われる。

ここでまた少し「不知火」の航跡から離れることにする。

マリアナの七面鳥狩り

太平洋戦争における日米海軍最大の洋上決戦は、
①ミッドウェー海戦（1942年6月5、6日）
②マリアナ沖海戦（44年6月19、20日）
③レイテ沖海戦（44年10月23―26日）
である。

駆逐艦「不知火」はこのうち①と③に出撃したが、②のマリアナ沖海戦が戦われたときには大湊を出て横須賀に向かっており、参戦はしていない。しかしこの海戦には多数の駆逐艦が出撃したので少し振り返ってみる。

マリアナ沖海戦には司令長官・小沢治三郎指揮の第一機動艦隊が出撃した。編成は、空母「大鳳」「翔鶴」「瑞鶴」の第一航空戦隊、重巡「妙高」「羽黒」の第五戦隊、軽巡「矢矧《やはぎ》」と第十駆逐隊（朝雲）第十七駆逐隊（磯風、浦風、雪風）第六十一駆逐隊（初月、若月、秋月、霜月）をもって甲部隊とし、乙部隊は第二航空戦隊の空母「隼鷹《じゅんよう》」「飛鷹《ひよう》」「龍鳳《りゅうほう》」と戦艦「長門」、航空巡洋艦「最上」、第四駆逐隊（野分、山雲、満潮）、第二十七駆逐隊（時雨、浜風、早霜、秋霜）であった。

さらに前衛隊が、第三航空戦隊の空母「千歳」「千代田」「瑞鳳」、第一戦隊の戦艦「大和」「武蔵」、第三戦隊が戦艦「金剛」「榛名」、第四戦隊が重巡「愛宕」「高雄」「麻耶」「鳥海」、第七戦隊が重巡「熊野」「鈴谷」「利根」「筑摩」、第二水雷戦隊が軽巡「能代」、第三十一駆逐隊（長波、朝霜、岸波、沖波）、第三十二駆逐隊（玉波、浜波、藤波、島風）のほかに軽巡「名取」と駆逐艦「初霜」「栂」「夕凪」である。まるで残存日本海軍の艦艇が勢ぞろいした感のある出撃だった。

対するアメリカ海軍も空母十五隻、戦艦七隻、重巡八隻、軽巡十三隻、駆逐艦五十九隻という大編成で臨んできた。

一九四四年に入り、日本軍はますます追い詰められていく。ラバウルを孤立させ、トラックを壊滅に追い込んだ米機動部隊は、次の攻撃目標をマリアナに定めた。日本海軍は敵艦隊を基地航空部隊と機動部隊によって撃滅する「あ号作戦」を立案した。「あ号」とはアメリカの「あ」である。

六月一八日、日本側は米機動部隊を発見したが、距離が離れていることと、夜間に入るため「一九日決戦」と決め、攻撃を翌日に繰り延べた。日本海軍は一九日未明から索敵機を発艦させ、各艦に「総員配置に就け」の号令をかけた時、まだ夜は明けていなかった。

午前七時半ごろ第一次攻撃が始まり、機動部隊の第三航空隊から攻撃隊が発艦を開始、六十四機が飛び立ったが、米戦闘機の迎撃を受け、四十一機を失う悲運の幕開けとなった。続いて第一航空戦隊の百二十八機が離艦したが、敵と見誤って同士撃ちとなり、かなりの損害が出たところで、敵機約四十機と遭遇、交戦で九十六機を失った。

三番目に発進した第二航空戦隊の四十九機も、四十機以上の敵機と遭遇戦を演じ、七機を失って帰投した。最初に出撃した第三航空戦隊は敵空母と巡洋艦各一隻に二五〇キロ爆弾各一発を命中させたが、次の二隊は戦果を挙げることはできなかった。

第二次攻撃は午前一〇時二〇分に、第一航空戦隊の十八機が離艦して始まったが、攻撃目標を発見できず引き返し、次の第二航空戦隊の五十機も敵を発見できないまま午後三時、グアム島に着陸寸前、米戦闘機三十機の襲撃を受け二十六機を失い、さらに後続の十五機は、敵空母を発見し攻撃に移ったが、戦果不明のまま九機を失った。

日本側は第四次攻撃隊を繰り出したが、米側はレーダーの誘導により四百機を超す戦闘機を出撃させ、しかも相手機の近くに達すると、自動的に炸裂する新型砲弾を使用するようになっており、この戦闘で驚異的な威力を発揮、日本の飛行機は次々撃墜された。アメリカ軍はこの空戦を「マリアナの七面鳥狩り」と呼んだ。日本海軍はこの海戦で艦載機三百七十八機を喪失した（米側は百機）。

一方、この海戦で日本海軍は空母「大鳳」「翔鶴」「飛鷹」が沈没、「瑞鶴」「隼鷹」「龍鳳」「千代田」が小破。さらに戦艦「榛名」重巡「麻耶」も小破した。アメリカ軍は空母など四艦が小破したのみだった。

ここで空母「大鳳」について述べる。

一九四四年三月七日竣工。排水量二九三〇〇トン。最大速力三三・三ノット。艦載機五十三機（七十四機、八十一機説もある）。第二次大戦中では世界最大の航空母艦で、連合艦隊期待の最新鋭艦。マリアナ沖海戦が初陣だった。艦の全長二六〇メートルはミッドウェー海戦で沈没した「赤城」と同じで、艦幅二七・七メートルは赤城より三・六メートル狭くなっていた。

航空機の発達とともに空母の重要度はますます高くなったが、最大の欠点は、広い飛行甲板が必要なことだった。飛行甲板が敵の爆撃により少しでも破壊されると、艦載機の離発着はできなくなり、空母としての機能はマヒする。そこで考え抜いた末に完成したのが甲板を厚い鋼鉄板で覆った重装甲の「大鳳」だったのである。就役すると第三艦隊司令長官小沢治三郎直率の第一航空戦隊に編入された。

一九日午前八時「大鳳」から攻撃隊が発進した。その最後の一機が離艦と同時につんのめるように海中に突っ込んだ。見送っていた小沢以下の士官や兵は「あっ、事故だ」と直感したが、事故ではなかった。艦上攻撃機の操縦員が「大鳳」に迫りくる米潜水艦発射の魚雷の航跡を発見するや、自機の体当たりで雷撃をかわそうとしたのである。

しかし、間一髪間に合わず、魚雷は「大鳳」の右舷に命中した。「大鳳」は魚雷攻撃にも強い設計になっているから、一発の命中ぐらいではびくともしない。すぐには何の支障も起こらなかった。

ところがこの攻撃により、飛行機昇降用のエレベーターが停まってしまい、航空機用燃料タンクにも亀裂が入った。航空燃料が気化すると僅かの火花でも引火爆発する。エレベーター停止により換気も止まった。異臭が艦内に充満し、倒れる兵が目立ってきた。

乗組員は手の施しようもない。四時間が経過したころから出撃機の帰艦が始まった。しかし着艦させると引火を起こす恐れがあり、着艦を諦めた各機は、燃料切れを起こすなどして海上に不時着を始めた。これを見守っていた小沢は「大鳳」への着艦を許可した。「大鳳」の上空を旋回していた航空機が飛行甲板に滑るように着艦すると、予期したとおり大爆発が起こった。大音響とともに装甲甲板は盛り上がった。甲板に穴が開くことはなかったが、逆に爆風は艦内を暴れまくった。艦橋も炎に襲われ、総員退艦の命令が出た。小沢や参謀らは近くにいた重巡「羽黒」に移乗した。「大鳳」は二時間にわたって燃え続け、午後四時沈没した。

日本海軍の最新鋭空母は初陣を飾ることなく海の藻屑となり、サイパン島陥落を招いた。さらにハワイ海戦以来活躍を続けてきた空母「翔鶴」(二五六七五トン、艦載機八十四機)も、敵潜水艦の魚雷四本を受け爆発、炎上し約三時間後に沈没した。

翌二〇日には空母「飛鷹」も米攻撃隊の爆撃を受け沈没。連合艦隊はマリアナ沖からの撤退を余儀なくされた。このころ国内では軍人内閣東條英機が総辞職(七月一八日)し、八月四日には国民総武装を正式決定。本土決戦に備えて竹槍訓練が始まった。

五．南溟の鉄柩

最後の半舷上陸

「不知火」の所属する第十八駆逐隊は、一九四四（昭19）年三月一日付で第五艦隊（司令官・中将志摩清英）に編入された。

第五艦隊はレイテ沖海戦（フィリピン沖海戦とも呼ぶが、本書ではレイテ沖海戦に統一）の海軍編成では第二遊撃部隊（志摩艦隊）に属し、配下に第二十一戦隊（那智、足柄）第一水雷戦隊（阿武隈、第七駆逐隊曙、潮）第十八駆逐隊（不知火、霞）を従えていた。

その志摩艦隊の主力は岩国沖に停泊していた。一〇月一四日は久しぶりの休養日に当たっており、旗艦「那智」はじめ、各所属艦乗組員に半舷（乗組員の半数）上陸の許可が出た。上陸した各艦乗組員らは山口県最大の河川錦川に架かる錦帯橋方面に秋の散策を楽しんだ。

しかしどの茶店も売るものがなく閑散としている。兵らは縁台に腰かけて五つの太鼓橋が連なったように見える錦帯橋を眺めながら、番茶のお代わりしては喉を潤しながら「オチャケでは酔えんなあ」と笑い合った。

「那智」では昼食後、上陸できなかった乗組員対象に映画「無法松の一生」が上映されることになっており、兵らは兵員室で映画の始まるのを待っていた。そこへ出撃命令が飛び込んできた。一斉に各艦の艦内ブザーが鳴り響く。

「各員は出撃準備を急げ」

静かな休養日は一転、各艦内ではそれぞれの部署で上官が指揮して出撃点検が始まり、騒然となる。半舷外出組も夕方までには帰艦し、出撃前の緊張した空気に包まれた。

台湾に滞在していた連合艦隊司令長官豊田副武は午後六時九分、次のように下令した。

「敵機動部隊は、わが痛撃により敗退しつつあり。基地航空部隊および第二遊撃部隊（志摩艦隊）は全力をあげて残敵を殲滅すべし」

これを受けた第五艦隊司令長官志摩清英は同日夜、各級指揮官を旗艦「那智」に集め訓示のあと「出撃の時来たれり。日本海軍の底力を示す時は迫っている。武運長久を祈る」とひときわ大きな声で乾杯の音頭を取った。

志摩は一五日午前零時、第二十一戦隊以下の艦隊を率い岩国沖を出撃した。艦長荒悌三郎と二百三十九人の「不知火」乗組員は勝利だけを信じ、これが内地の風景の見納めになるかも知れないなどと考えるものは一人もいない。真夜中の暗い瀬戸内を豊後水道に向かって進む。見送りは夜光虫だけ。

志摩艦隊の任務は、一三日から三日間にわたり、台湾沖で熾烈な戦闘を展開して損傷した敵空母を捜しながら台湾に向かっての南下である。二〇三三トンの不知火にとっては通いなれた航路だ。駆逐艦は戦艦や重巡のような大所帯と違って、乗組員は全員が顔と名前を知っているから家族的なところがあり、平穏な航海が続くと乗組員らは休憩時間になると、喫煙所に集まり、半舷上陸でいかに女性にもてたかなどと雑談に興じる。

童顔の残る新兵を年長の下士官がからかう。

「お前らまだ童貞だろう。次の半舷上陸にはきれいなメッチェンのところへ連れて行ってやる」

卑猥な話も交えながら、戦場へ向かう若い兵の緊張をほぐすのだった。

徴集されて駆逐艦に乗ってきた兵には既婚者も多く、故郷へ残してきた妻や子供の話をする。農家の長男は「もう刈り入れはすんだだろうか」と気遣う。また酷熱と大きな機械音のする艦底で働く機関兵は、いつも声が大きい。まるで怒鳴り合いしているようだが、大声を出さないと聞こえないからだ。

「水のなかで屁をこくような声では聞こえん。大声を出さんかい」

新兵は次の新兵が乗艦してくるまでいつも怒られ役だ。平穏な航海が続いても缶室は常に戦闘中のようだ。古参の機関兵になると「あの滝のような汗とエンジンの音がたまらんのよ」となる。艦艇内では真水は貴重品だが、機関兵だけは好きなだけ飲むことが認められていた。脱水症状を防ぐためだ。

日本人男子は満二十歳（一九四三年からは十九歳）になると、徴兵検査を受ける義務があった。検査で兵役に適しているとされたものは、直ちに現役として入隊しなければならない。新兵として採用されなかった場合でも、補充兵または国民兵に分類され、四十歳（四三年から四十五歳）までは召集令状が届くと、すぐに軍務に服する義務があった。

徴兵検査は陸軍が行い、一定人員を海軍に割り振った。これが海軍の徴兵で服務期間は三年（陸軍は二年）。海軍の服務期間が一年長いのは、艦を動かして戦闘するのが基本だから、鉄砲担いで戦う陸軍より技術習得に時間がかかるというのが理由である。

このほかに海軍には十七歳以上を試験で採用する志願兵制度があった。採用後の服務期間は五年。海軍は伝統的に志願兵に重点をおいていた。ベテランになるには五年以上の経験が必要と考えられていたからだ。志願兵と徴集兵の比率はほぼ半々だった。志願兵は採用されると、海軍の地方機関である鎮守府ごとに設けられた海兵団で五カ月半、徴集兵は四カ月半の教育を受け配属先が決まる。

さらに志願兵は現役五年、予備役十一年の服務期間が決められており、入団して五年経て練習生教育課程を終えると下士官に任用され、准士官、特務士官への昇任も可能だった。志願兵に採用されると、一九三五（昭10）年当時で年額十八円の扶助金が出身家庭に支給された。米一升が四十銭のころである。

レイテ沖海戦に出撃した各艦にも、海兵団で教育を受けたばかりの新兵が乗艦している。彼らのなかには初めての長い航海に出て船酔いに苦しむ兵もいたが、かまってくれるものはいない。特に戦闘が始まれば全員が命がけだから、嘔吐が続き、何も食べていなくても任務をこなさないと上官や古年兵の罵声と一緒に鉄拳が飛ぶ。

日本海軍はサイパンを喪失したことにより、マリアナ、カロリン、西部ニューギニアを結ぶ「絶対国防圏」が崩壊した。その結果、日本本土との間にはフィリピン、台湾、南西諸島を残すだけとなり、本土に敵の足音がヒタヒタと迫ってきたのである。敵の本土来襲を防ぎ止めるためには、まずフィリピンを死守しなければならない。フィリピンは西太平洋に散在する大小七千八十三の島からなり、日本軍は「比島」と呼んでいた。

そこで大本営はかねてから立案していた、捷一号（フィリピン）捷二号（台湾、南西諸島）捷三号（九州、四国、本州）捷四号（北海道）の新国防線防備計画を打ち出した。各戦線のいずれの方面に敵が攻めてきても、陸海空の戦力を結集して最後の決戦を行おうというのだ。

これに対し、サイパン攻略で意気上がるアメリカ軍当局はフィリピン、台湾を迂回して直接、九州へ上陸する案を示したが、太平洋艦隊司令長官チェスター・W・ニミッツは「あまりに危険だ」と反対、マッカーサーはフィリピンを迂回する案に猛反対し、ミンダナオ、次いでレイテに上陸する案を提示した。

ニミッツは「フィリピン上陸は無益だ」と台湾直接上陸を主張。フィリピン解放を感情的に重視するマッカーサーは、頑として後に引かなかったというのである。

この両者の対立を調整し、対日侵攻について確定するためアメリカ大統領ルーズベルトは四四年七月二六日、米海軍の重巡「バルチモア」でハワイのホノルルへやってきた。艦上での三者協議は結局、マッカーサーの主張に添う形で決着。レイテ上陸はマッカーサーが攻撃の総指揮をとり、ニミッツが全面的に支援することになった。

米海軍は九月六日からパラオ、ヤップ空襲を手始めにモロタイ、アンガウルなどを占領。勢いづく米軍は前項で述べたように一〇月一〇日、フィリピンの後方基地である沖縄を空襲。

一一日にはフィリピンのルソン北部を襲った後、一二日には台湾を空襲した。対する日本軍は九州、フィリピンに展開中の千二百機以上の航空機で反撃に出た。折から台風シーズンであり、悪天候や夜間を利用して敵艦隊を奇襲攻撃するため台風の「T」からとったT作戦が実施された。

大本営が発表した三日間の戦果は、もしそれが事実なら世界の海戦史に残るほどの大戦果だった。轟撃沈＝航空母艦十一隻、戦艦二隻、巡洋艦もしくは駆逐艦一隻。撃破＝航空母艦八隻、戦艦二隻、巡洋艦四隻、巡洋艦もしくは駆逐艦一隻、艦種不詳十三隻。そのほかに火焔、火柱を認めたるもの十二隻を下らず。航空機撃墜百十二機。これに対し日本軍の未帰艦機は三百十二機というものである（実際には七百機以上を失う）。

アメリカ軍は空母十七隻、戦艦六隻ほかで編成されていたが、実際は空母二隻、重巡一隻、軽巡二隻、駆逐艦三隻が損傷を受けただけで、撃沈は皆無。航空機喪失は八十九機だった。

一九四四年一〇月一七日午前八時二〇分、アメリカ艦隊はレイテ湾入り口にある小島のスルアン島に上陸を開始した。同島の海軍見張所にいた三十二人の日本軍守備隊員は全滅。米軍は二〇日、レイテ島への上陸を始めた。マッカーサーが上陸艇を乗りつけ上陸したのは同日の午後二時だったという。

連合艦隊司令長官豊田副武は、マッカーサーがレイテ島に上陸した翌日の一八日、捷一号作戦を発動した。「大和」「武蔵」はじめ戦艦、空母、巡洋艦、駆逐艦など、主要艦艇だけでも六十六隻という、連合艦隊最後の大勢力を注ぎ込んだ乾坤一擲の大作戦は始まった。

艦隊率いた四人の提督

連合艦隊は一八日午後五時三二分、次の「レイテ沖海戦作戦要領」を示達した。

① 栗田艦隊はサンベルナルジノ海峡より進出して敵の上陸点に突入し攻略部隊を撃滅する。

② 志摩艦隊は反撃作戦の骨幹として敵の上陸点に対し逆上陸を決行する。

③ 第一機動艦隊(小沢艦隊)はルソン東方海上に進出し、第一部隊(栗田艦隊)の突入に策応して敵を北方に牽制、好機に投じて敗敵を撃滅する。

史上最大で最後の海戦といわれたレイテ沖海戦で、日本海軍を指揮したのは四人の提督だった。栗田健男、西村祥治、志摩清英、小沢治三郎の各中将である。

レイテ沖海戦に出撃した艦隊は、四人の提督の名を冠して栗田艦隊、西村艦隊、志摩艦隊、小沢艦隊と呼んだ。各艦隊に所属して出撃した艦艇は次の各艦である（所属戦隊名は省略）。

栗田艦隊
戦　艦＝大和、武蔵、長門、金剛、榛名
重　巡＝愛宕（旗艦）高雄、鳥海、麻耶、妙高、羽黒、熊野、鈴谷、利根、筑摩
軽　巡＝能代、矢矧
駆逐艦＝早霜、秋霜、岸波、沖波、朝霜、長波、藤波、浜波、島風、浦風、磯風、浜風、雪風、野分、清霜

西村艦隊
戦　艦＝山城（旗艦）扶桑、最上
駆逐艦＝満潮、朝雲、山雲、時雨

志摩艦隊
重　巡＝那智（旗艦）足柄
軽　巡＝阿武隈
駆逐艦＝潮、曙、不知火、霞、若葉、初春、初霜

小沢艦隊
正規空母＝瑞鶴（旗艦）
改装空母＝瑞鳳、千歳、千代田
航空戦艦＝日向、伊勢
軽　巡＝大淀、多摩、五十鈴
駆逐艦＝霜月、桐、桑、槇、杉、初月、秋月、若月

この他に先遣部隊の潜水艦十二隻、南西方面艦隊の重巡「青葉」軽巡「鬼怒」駆逐艦「浦波」が参加。

陸に上がった連合艦隊

連合艦隊司令部が捷一号作戦の発動を下令したのは、一八日午後五時三二分である。翌一九日、天皇陛下は陸海両総長に対し、

「本回ノ作戦ハ皇国ノ興廃ヲ決スル重要ナ戦闘ナリ。宜シク陸海真ニ一体トナリ滅滅ニ邁進セヨ」

と述べた。この日朝、レイテ湾内とフィリピン東方に「空母十数隻、輸送船約百隻」の敵攻略部隊が出現し、レイテ島各地は激しい艦砲射撃に見舞われた。これにより敵のレイテ島上陸作戦の開始が確認されたのである。

連合艦隊司令長官豊田副武は軽巡「大淀」に座乗して「あ号作戦」を指揮した後、「各方面の部隊を広範囲に指揮するため」神奈川県日吉の慶応大学日吉分校に通信設備を設け、ここに連合艦隊司令部を移した。

連合艦隊司令長官の将旗が陸に上がったのは、古賀峯一長官の時に一時的にパラオで陸に移したことはあったが、司令部を軍艦から長期的に陸上に移したのは、日本海軍史上初めてである。まさに陸に上がったカッパが、水上の連合艦隊を地上から指揮すると

いう「珍事」であった。しかも日吉は敵の空襲を避けるため選ばれた「疎開先」だったのである。緊急事態としては、地上の方が情報を集めやすいなどの利点はあったようだが、第一線の将兵たちの士気には大きく影響したという。

また捷一号作戦を展開中のフィリピンの戦線においては、連合艦隊司令部との距離があまりにも離れており、通信障害が発生するなど司令部からの機動的な指揮に支障が生じたようである。

レイテ沖海戦の主力は栗田艦隊である。旗艦「愛宕」(一三四〇〇トン)は栗田の将旗を翻るがえし、在泊艦の乗組員が「帽振れ」で見送るなか、軍艦マーチに送られて一〇月二二日午前八時、ボルネオ島のブルネイ泊地を出港した。栗田艦隊の将兵は総勢二万五千人である。

栗田は出撃にあたり次の全軍布告を行った。

「本職ハ勇躍陣頭ニ立チ各員ノ勇戦力闘ヲ期待シ誓ッテ敵艦ヲ撃滅シ以テ聖慮ヲ安ンジ奉ラントス」

艦隊は対潜警戒航行序列を組み、最前列に左から軽巡「能代」、重巡「愛宕」「妙高」が中間に護衛の駆逐艦を挟むようにして並ぶ。各艦の間隔は二キロ。旗艦の後ろには重巡「高雄」「鳥海」戦艦「長門」が続き、「妙高」の後ろには重巡「羽黒」「麻耶」戦艦「大和」「武蔵」が続いた。以上が第一部隊である。

第一部隊の約六キロ後方に軽巡「矢矧」を中央にして左に重巡「利根」右に同「熊野」が並んだ。「利根」に続航するのは重巡「筑摩」と戦艦「榛名」。「熊野」の後には重巡「鈴谷」戦艦「金剛」である。それぞれの周囲には護衛の駆逐艦が付き添っている。

この大船団である栗田艦隊はパラワン水道を通り、シブヤン海を抜けてレイテ湾に向かうのである。艦隊の速力は強速といわれる一八ノット。敵潜水艦を警戒して「之字《のじ》」運動と呼ぶジグザグ航行を続け、二三日午前零時、パラワン水道の南口に達した。水道内は狭く、大艦隊がジグザグに進むことはできない。パラワン水道は、ボルネオの北方に長く延びたパラワン島と無数の暗礁でできた、新南群島間の長さ五〇〇キロ、幅五〇キロの水路である。

沈没第一号は旗艦「愛宕」

同一時一六分、栗田艦隊は哨戒中の二隻の米潜水艦に発見された。「ダーター」と「デース」の二艦である。両潜水艦は栗田艦隊を追跡すること約六時間、同六時三一分、同艦隊を追い越して前に出るとUターンした「ダーター」が先頭を行く「愛宕」に、九八〇ヤードの地点で六本の魚雷を艦首から発射し、うち四本が「愛宕」に命中。艦長荒木伝は第一撃を受けると「面舵いっぱい」で続く魚雷を回避しようとしたが間に合わず、二撃、三撃を右舷中央部、四撃を後部に受けて右に傾斜し、航行を停止した。続けて艦尾から四本発射したうちの二本が「愛宕」の後方八〇〇メートルにいた「高雄」に命中した。「デース」も四本発射し「麻耶」が被雷すると、僅か一〇分後には沈没、三百三十六人が戦死した。轟沈である。この朝の付近海上は波、うねりともになく、視界は良好だったという。

三艦が被雷する前の、午前五時三〇分から各艦の乗組員は総員配置に就き、対潜警戒を厳重にしながら、日課である早朝訓練を始めていた。そこへ突然の天地を揺るがす大轟音である。「愛宕」の右舷に四〇メートルもの水柱が上がった。同時に船体は右に傾斜を始めた。艦首付近の第一撃に続いて中部に第二、第三撃、やや遅れて後部に第四撃が命中したのである。

当時、「愛宕」の艦橋には栗田艦隊司令部首脳をはじめ、同艦艦長以下の主要幹部が集まっていたが、敵潜水艦の潜望鏡や雷跡を発見したものはいなかった。無警戒の隙をつかれたのである。艦長荒木傳は第一撃を受けるや「面舵いっぱい」を下令して被雷舷側に回頭、続く魚雷を回避しようとしたが、舵が効かないうちに第二撃を受け、艦は右舷に八度傾斜して航行を停止した。

「愛宕」の船体はどんどん傾いていく。栗田は旗艦変更のため駆逐艦招致を命じた。

「総員、左舷に移れ」

「可燃物を捨てろ」

「愛宕」の甲板や艦内に命令と指示が交錯する。

その時、同艦の約二キロ前方にいた「愛宕」側衛の駆逐艦「岸波」と「朝霜」が近づいてきた。「岸波」が横付けを試みたが、「愛宕」の傾斜がひどくて接舷できない。二〇〇メートルほど離れて漂っていると、栗田ら栗田艦隊司令部職員が一斉に海に飛び込み「岸波」目指して泳ぎ始めた。

ご真影が「岸波」に移されると「愛宕」艦長の荒木は、

「軍艦旗を降ろし総員上へ」

と下令した。被雷して僅か二〇分後の午前六時五三分、「愛宕」は夜明けのパラワン水道に沈没した。乗組員は機関長以下三百六十人が艦とともに早朝の海に消え、約七百人が「岸波」と「朝霜」に収容された。この中に栗田ら艦隊司令部職員も含まれている。

栗田は救助されると、とりあえず「岸波」を栗田艦隊の旗艦とし長官旗を掲げさせた。

長官旗は夕方には「大和」に移されたが、それまでは駆逐艦が巨艦群を率いる栗田艦隊の司令塔の役を果たしたのである。

その「岸波」砲術員で、一番砲塔班長だった中井壽夫が健在であることが分かり滋賀県の自宅に尋ねた。中井は一九二〇（大9）年生まれで、その時、九十四歳になっていたが、かくしゃくとしており、七〇年余り前の栗田以下「愛宕」乗組員や司令部職員らの救助の模様を聞くことができた。

「みんな顔まで重油まみれで泳いでいたから、誰が誰か分からず、岸波乗組員が協力して甲板に助け上げた。一緒に引き上げた士官の言葉遣いで栗田長官と分かり、慌てて敬礼したような気がしますなあ」

話を二三日の朝に戻す。

「愛宕」の後方八〇〇メートルに続いていた「高雄」は、転舵で魚雷をかわしながら進むうちに「愛宕」被雷の一分後、艦橋下右舷に第一撃、後部右舷に第二撃を受け右舷に一〇度ぐらい傾斜し、主機械の回転が低下し航行不能に陥った。

駆逐艦「長波」が近くで警戒に当たり「高雄」はここで一五時間もかけて応急修理、二五日夕方ブルネイに入泊している。

さらに午前六時五七分、右側隊三番艦「摩耶」が魚雷四本を受け轟沈した。栗田艦隊

第一部隊の隊形は左側隊に「愛宕」「高雄」「鳥海」「長門」と続き、右側隊は四キロの間隔をおいて「妙高」「羽黒」「摩耶」「大和」「武蔵」が続いた。その中央と両外側で駆逐艦が警戒に当たっていた。

「摩耶」の乗組員は「秋霜」が六百八十五人を収容したが、三百三十六人が戦死した。午後四時二三分、栗田は「大和」に移乗して将旗を掲げた。各艦は敵潜水艦の神出鬼没に追い回され、神経をピリピリさせているうちに二三日は暮れた。

栗田艦隊は主力だった「愛宕」「摩耶」を失い、「高雄」は損傷が激しく戦力外に去った。残る一隻の「鳥海」は第五戦隊司令官の指揮下に入った。「岸波」とともに「愛宕」の救助に当たった「朝霜」は「長波」とブルネイに向かう「高雄」の護衛に就いた。

駆逐艦は艦隊の外側で対潜、対空戦闘の尖兵となって救助活動に当たり、敵艦に対しては肉迫して魚雷攻撃を敢行するのが任務である。その駆逐艦がたとえ一隻でも外れることは艦隊にとって大きな痛手といえる。

「岸波」は「武蔵」の右側前方に位置して二四日朝を迎えた。天気は快晴。まだ夜の明けきらないうちに戦闘食の握り飯が配られた。「早く腹ごしらえしとけ」と古年兵が若い兵を急き立てる。

午前八時を回ったころからシブヤン海の栗田艦隊の上空に敵機の機影が望見され始め

た。第一次攻撃には米空母を発艦した戦闘機、急降下爆撃機、雷撃機四十機以上が現れ、栗田艦隊の対空砲火を逃れるようにしながら攻撃を開始した。この日の攻撃は四次にわたって続き、襲来した米機は二百五十九機にのぼり、主に「武蔵」が狙い撃ちされた。「武蔵」の護衛に当たっていた「岸波」の一番砲塔班長中井も、米機に向かって撃ちまくった。

「一番砲だけで二百七十発撃ち、弾薬庫が空になったので二番砲から砲弾を譲り受けて撃ちましたよ。敵さんは大型艦ばかり狙っていたが、そのうち岸波に向けても爆撃を始めましてなあ。夢中で撃ちかえしましたよ」

中井はその時、左腕に爆弾破片の直撃を受けた。中井の腕を突き抜けた破片はさらに隣にいた砲手の腹部を直撃し砲手は即死した。中井は艦内で軍医の手術を受け、左腕から下を切り落とした。

「兵は全員戦死を覚悟しているから戦闘が怖いとは思わなかった。でも腕を切り落とした時は、あゝ、これで内地に帰れると思った」

中井は正直だ。駆逐艦乗りは戦闘になると死と背中合わせのようなものだから、口にこそ出さないが、胸の内ではみんな内地に帰還することを願っていたとも話してくれた。

「不知火」レイテ沖へ

二三日早朝、栗田艦隊旗艦「愛宕」が米潜水艦の雷撃を受けたころ、志摩艦隊はコロン湾に向かって航行していた。同艦隊は一〇月一四日、連合艦隊司令長官から命令を受けた。

「敵機動部隊は、わが痛撃により敗退しつつあり。基地航空部隊および第二遊撃部隊は全力をあげて残敵を殲滅すべし」

この下令により志摩艦隊は、一五日午前零時に岩国沖を出撃。一六日には奄美大島南東海域で、「沖縄西方に迂回して残敵処分に向かえ」の指示を受けて針路を沖縄西方に向け進んでいた。

ところが台湾沖の日米航空戦の戦果は海軍の誇大発表で、損傷米艦は一隻もいなかった。同日夜に入って今度は、別の指令が届いた。

「明一七日、敵空母がなお健在で夜襲の見込みがない場合、馬公（台湾）にて次の命を待て」

これを受電したが、艦隊独自の情勢判断で奄美大島の薩川湾に入り、「不知火」はじめ各駆逐艦に燃料を補給した。途中、米軍哨戒機を発見したが交戦には至らず、まだ「不知火」の艦内も落ち着いており、乗組員は定時に夕食をとることができた。

志摩艦隊は一八日早朝、一六日付指令に基づき薩川湾を出て馬公に向かっていると、昼頃に日吉の連合艦隊司令部から「速やかにマニラに進出すべし」の命令を受け、行き先を変更した。ところが夕方になるとまた「馬公に向かえ」の指示が届いた。

志摩は、「第二遊撃部隊はいったいどこへ行けばいいのだ」とコロコロ変わる指示に愕然としながらも、艦隊の舳先を馬公に向けさせた。艦隊護衛の各駆逐艦は、詳しい事情も分からないまま艦長の指揮で航海を続け、二〇日朝、馬公に入港した。

その直後、今度は、「南西方面部隊の指揮下に入り、海上機動反撃作戦を実施せよ」の命令だ。ここで志摩は「栗田艦隊に策応してレイテ湾突入が最良の策」と判断、「第二十一戦隊および第一水雷戦隊を率い栗田艦隊の作戦に策応してレイテ湾に突入することとしたい」旨を上申し「二十一日午前七時に馬公を出撃してレイテ湾突入行動に入る」と関係各部に打電した。その夜（二〇日）志摩は各級指揮官を旗艦「那智」に集め、レイテ湾突入の決意を告げ、必勝を期して乾杯した。

ところが志摩の決意はまた揺らいだ。乾杯を終え各艦の指揮官が帰艦したところへ、高雄に在った第二航空艦隊司令長官福留繁から「比島進出のため駆逐艦三隻を至急高雄に回航してくれ」と要請があり、志摩は、「翌朝七時馬公出撃」の命令を取り消し、二一日正午、第二十一駆逐隊（若葉、初春、初霜）を高雄に向かわせた。

志摩艦隊は「動艦隊《うごかんたい》」と揶揄され、全艦隊の中でも最弱とさえ言われていた。

志摩は海兵三十九期。通信畑出身で海大卒の俊秀。主に参謀畑を歩み、軍令部八課長、通信学校教頭、同校長などを務めた文官武人。全身に潮の香が浸み込んだような水雷畑育ちに比べると、温厚な人柄が作戦にも反映され、消極的と見られていた。度々変わる命令や指示に怒りを示しながらも、結局自らのレイテ湾突入の主張を引っ込めてしまい、馬公で待機した。

そこへ連合艦隊参謀長から志摩の上申電の通りの電令が届いた。

「貴艦隊は二五日黎明、スリガオ海峡を突破してレイテ湾に突入、栗田艦隊と策応して所在の敵攻略部隊を撃滅すべし」

しかし志摩にはレイテ湾についての予備知識もなく、港湾攻撃の準備もしていない。栗田艦隊との協同訓練はおろか、打ち合わせすらしていなかった。

それでも志摩は自らの上申が容れられたことに半ば満足し、幕僚や各艦長を集めると次のように訓示した。

「この戦いは日本海軍最後の決戦である。一死をもってこれに参加できるだけでも最大

の武人の本懐である。ただ一途に本分を尽くせ。文句は冥途であらためて聞く」（半藤一利『完本列伝太平洋戦争』PHP文庫）

志摩は「今度こそ」の決意を表情に出しながら訓示を終えると、二一日午後四時、錨を揚げさせた。馬公を出撃した艦隊は、マニラに向かうように見せかけながら針路をレイテ湾に向けた。同日夕刻、南西方面艦隊参謀長から、

「第二十一戦隊、第一水雷戦隊は第一遊撃部隊の指揮下に編入、スリガオ海峡から突入」

と伝達が届いた。さらに指示の変更もあったが、志摩はコロン湾直行を決意し二三日午後六時、同湾に入泊した。

第一水雷戦隊には第二十一駆逐隊（若葉、初春、初霜）も所属しており、志摩艦隊には七隻の駆逐艦がいたのだが、コロン入港直前、連合艦隊から第二十一駆逐隊は別働を命じられ、基地航空部隊の人員、機材を台湾からマニラへ輸送することになり分遣された。同駆逐隊は二十四日夕刻、本隊と合同するため、合同地点に向かっていたところ、スルー海で米艦上機四十機による攻撃を受け「若葉」が沈没、「初霜」も直撃弾を受けて損傷、本隊との合同を断念してマニラに戻って行った。このため志摩艦隊は、レイテ湾突入を前にして貴重な駆逐艦三隻を欠いてしまった。

さらにコロン湾には予定していた油槽船が到着しておらず、急きょ重巡から各駆逐艦

に、二〇ノット五昼夜分相当量を補給。志摩艦隊は二四日午前二時、コロン湾を出撃した。

暗い闇の中、夜光虫を蹴散らしながら進む旗艦「那智」以下各艦の乗組員の中には、この出撃が容易ならざるものであることを、本能的に嗅ぎつけているものもいたが、兵は常に「決死の覚悟」ができているから動揺は見られない。

「不知火」と第十八駆逐隊で兄弟艦のように行動を共にしてきた「霞」では「手空きの総員前甲板へ」の伝令を受け、集まった乗組員に艦長が初めてこの作戦の内容を説明し、出撃に際しての特別訓示を行った。

「志摩艦隊はスリガオ海峡よりレイテ湾に一丸となって突入する。すでに第二戦隊（西村艦隊）の山城、扶桑が先行している。わが艦もそれに続き出撃する。貴様達の奮闘と武運長久を祈る」

さらに艦長は驚くべきことを述べた。

「この時に当たり神風《しんぷう》特別攻撃隊の決行計画が進められていることを諸子に告げておく。神風特別攻撃隊とは、人間が爆弾を抱いて飛行機もろとも敵艦に体当たりする前代未聞の玉砕戦法である」

「かみかぜ」とは言わず「しんぷう」特別攻撃隊と呼んだ。甲板に整列した乗組員の表情が驚きの色に変わったが声を出すものはいない。

艦長訓示が終わると乗組員は、それぞれの衣嚢《いのう》から真新しい褌を取り出して取り替え、出征前に母親が、多くの女性に頼み回って作ってくれた千人針を腹に巻き、機関兵は汗よけの鉢巻を締めなおした。

志摩艦隊の作戦目的は二五日明け方、栗田艦隊のレイテ湾突入に呼応して、同隊突入後の混乱に乗じ戦果を拡大することだった。狭くて未知のスリガオ海峡での夜戦は不利と考えた志摩は、日出時刻に合わせて同海峡を通過するように進撃し、戦闘には旗艦を先頭に単縦陣で臨むことに決めていた。

もし海峡出口に敵有力部隊が待ち構えていた場合、重巡からの雷撃によって突破口を開き、駆逐艦を突撃させて突入を図る計画だった。

動艦隊と老艦隊

スリガオ海峡はミンダナオ島とレイテ湾をつなぎ、西側がレイテ島とパナオン島、東側がディナガット島とミンダナオ島によって区切られた狭い水路。長さ約三〇カイリ、幅は南入り口で二〇カイリ、レイテ湾に通ずる出口で二五カイリ。潮の流れが速く、東西の海岸は峻嶮な崖になっている。

志摩艦隊が「動艦隊」なら、その前をレイテ湾に向かっている中将西村祥治率いる第一遊撃部隊第三部隊（西村艦隊）は「老艦隊《ろうかんたい》」であった。編成は前述したように戦艦二隻、重巡一隻、駆逐艦四隻の僅か七隻である。

旗艦「山城」は一九一六（大5）年、「扶桑」は一九一四（大3）年竣工の同型艦で、ともに三四七〇〇トン。両艦は日本海軍初の超弩級戦艦として建造されたのだが、設計に不備があって問題点が続出し、改装に次ぐ改装で、出撃しているよりドックに入っている期間の方が長いといわれた。最高速力も第二戦速（二四ノット）ぎりぎりの二四・七ノットしか出せないから、戦艦ならぬ「何もせん艦」と陰口を叩かれていた。開戦以来、二線級として保持されていたが、一九四四年秋、捷一号作戦の展開に伴って駆り出され、西村艦隊に編入されたのである。

西村は潮っ気の溢れる水雷育ちで、純然たる海上武人だった。その経歴は駆逐艦、巡洋艦、戦艦の各艦長、駆逐隊司令を経て一九四四年九月一〇日、約半年にわたる軍令部出仕を終えて新編制の第二戦隊司令官に任命されたばかりである。

西村は、レイテ湾に出撃する前からこの艦隊の運命を察知していたらしく、出撃前の壮行会では誰よりもにこやかに盃を乾し、士官、下士官らと楽しそうに談笑した。決別の盃と思っていたのだろう。

西村艦隊所属「最上」の艦長伝令だった海軍兵長長谷川桂の「西村部隊重巡『最上』スリガオ海峡の死闘」（丸別冊・潮書房）より引用する。

十月二十二日「最上」艦長藤間良（大佐）が「総員前甲板集合」を命じ、次のように訓示した。

「敵はついにレイテに上陸した。レイテを失えば比島全域を制圧されるのみならず、内地と南方資源地帯との交通を遮断され、死命を制せられる」

二千人近い乗員は一言も聞き漏らすまいと静まりかえっている。藤間はさらに続けた。

「わが艦隊は来る二十五日未明、二手に分かれてレイテ泊地に進入し、敵上陸船団を撃滅する。山城、扶桑並びに本艦は別働隊となり、スリガオ水道を経てレイテ泊地の南方より突入、泊地の北方より進入する愛宕以下の主力の戦闘に策応する計画である。祖国の興廃はまさにこの一戦にある。生還はもとより期し難い。各自それぞれの配置において最善を尽くし、一死をもって国に報いてもらいたい」

甲板に整列した乗組員たちは南方作戦、ミッドウェー、マリアナ沖と百戦錬磨の兵《つわもの》ぞろいだが、今度ばかりは生死を分ける海戦になると覚悟したようである。しわぶきひとつ聞こえない。

長谷川らは、レイテ湾に突入するのは第一遊撃部隊（栗田艦隊）ばかりでなく、志摩艦隊も後を追ってスリガオ海峡から突入する予定であることを知らされた。「最上」の甲板では、

「足の遅い山城や扶桑を出すようでは日本海軍も先が見えている」

「どうせ死ぬなら本隊と一緒に勇ましくバリバリやりたい」

など老艦とともに出撃することに対する不満と不安の声が交錯していた。

その西村艦隊は、栗田艦隊より七時間遅れて二二日午後三時一五分、ブルネイを出撃してスルー海に向かった。西村は「二五日午前一〇時にスリガオ海峡南口に達し突入」と麾下の部隊に指示、志摩艦隊との協同についても伝えたが、両艦隊の間には何等の指揮関係はなかった。西村艦隊は栗田の指揮下にあり、志摩艦隊は南西方面艦隊司令長官（中将三川軍一）の指揮を受けていたのだが、栗田、三川間にも指揮系統が存在しなかったためである。これが西村艦隊全滅の悲劇を招いた一因ではなかったのか。

二四日午前二時、西村の指示で「最上」を発進した水偵一機が報告してきた。

「午前六時五〇分、レイテ湾一帯に戦四、巡二、駆十八、飛艇十五、輸送船八十あり」

この報告がこの大海戦においてレイテ湾所在米軍部隊に関して、日本海軍が得た唯一の情報だったのである。

その西村艦隊はスルー海進撃中の午前九時四〇分ごろ、敵艦上機約三十機の来襲を受け「扶桑」の艦尾に爆弾一発が命中、搭載機二機が炎上したが航行に支障はなかった。「時雨」も一番砲塔に直撃弾を受け、戦死者を出した。なぜか敵機の攻撃はここで終わり、艦隊はそのまま進撃を続けた。

「最上」水偵の情報により、パナオン島北西海面に米魚雷艇が結集していることを察知した西村は、日没を待って「最上」と第四駆逐隊（朝雲、山雲、満潮）を分離して米舟艇群の掃蕩を命じた。西村艦隊は栗田艦隊のレイテ湾突入に呼応すべく半日以上も待ったが、指令は届かない。

そこへ「栗田艦隊苦戦」の情報が入り、二五日早朝のレイテ湾同時突入は危うくなったと判断していたところに、今度は栗田艦隊反転の知らせと同時に連合艦隊からの「全軍突入せよ」が入電した。西村は困惑した。スラバヤ沖など数々の海戦に出撃してきた海の武人も、老朽艦を率いてのレイテ湾突入で自ら散る覚悟を固めたようだった。西村は午後八時一三分、栗田宛てに「二五日午前四時、ドラグ沖に突入の予定」と打電し進撃を続けた。

「全く情報の入らない栗田艦隊などを待っておれない」と捨て身の単独突入を決意したのである。

　約一時間遅れて続航する志摩艦隊も、指揮系統の統一も、作戦計画の調整もないまま相互暗黙の協力のみで戦闘海域に向け進撃を続けた。

　二四日午後一一時ごろ「那智」艦内ではやっと戦闘配食が始まり、主計科員が握り飯を配って回った。忙しく艦内を走り回る兵らに悲壮感はない。「腹が減っては戦さはできん」と握り飯をほおばっていると、二〇カイリ前方を進む西村艦隊の方向で、突如照明弾が上がるのを志摩艦隊は目撃した。敵側の電話傍受により、西村艦隊が魚雷攻撃を受けていることが分かった。西村は魚雷艇掃蕩のため分離していた「最上」以下と合同を図り、「山城」「扶桑」「最上」を距離二キロの単縦陣、前程四キロに「満潮」「朝雲」さらに「山城」の斜め前方右に「山雲」、左に「時雨」を配し二〇ノットでスリガオ海峡突入の態勢を整えた。

　動艦隊と老艦隊。僅か七隻でレイテ湾に攻撃を仕掛けようとする西村艦隊は、スルー海に入ったきり、その存在は敵、味方とも知らない。西村艦隊と協同してレイテ湾突入のはずの志摩艦隊でさえも、西村艦隊がどうなっているのか分からなかった。

　ところが高速で追ってきた志摩艦隊と、先行する西村艦隊の距離は僅か二〇カイリしか離れていなかった。午前三時、スリガオ海峡入り口はもうすぐである。「那智」「足柄」「阿武隈」が縦陣列を組み、「潮」と「曙」が前方、「不知火」と「霞」が後から続く。速力二六ノット。「扶桑」や「山城」では出せないスピードだ。

志摩は旗艦「那智」に乗っている。西村から志摩に、

「敵ラシキ艦影見ユ」

「敵ハ海峡ヲ南下スルモノノゴトシ」

と電報が届く。

二五日午前三時五分、志摩艦隊は「曙」を先頭に立て、スリガオ海峡の狭い水道に入ろうとしていた。

そのころ西村艦隊は、東側から迫る敵艦三隻を発見すると、探照灯を照射、砲撃を開始した。夜戦の始まりである。

「山城」が老艦の意地を見せるかのように真っ先に初弾を放った。「扶桑」と「最上」も続いて砲門を開いた。駆逐艦四隻が三艦を前後左右から護衛する陣形に入ろうとしたとき、右前衛の「山雲」左舷から火焔が中天に噴き上げた。海上と上空がオレンジ色に染まった瞬間「山雲」は真っ二つに割れて沈没し、同時に大松明のような炎も消えた。

順番を待っていたかのように今度は、「満潮」が大水柱を噴き上げると航行不能に陥

り、続いて「朝雲」も一番砲塔下に命中した魚雷で艦首が吹っ飛び、瞬時にして第四駆逐隊は潰滅した。「扶桑」にも魚雷が命中、間もなく大爆発を起こし、船体はこれまた真っ二つに引き裂かれたように折れ、二つの火の玉になって炎上しながら海上を漂い始めた。沈没まで一時間も燃え続け、乗組員はほぼ全滅した。「山城」も魚雷を撃ち込まれ、火に包まれたが進撃は止めない。西村はその「山城」から栗田に打電した。

「スリガオ水道北口両側に敵駆逐艦、魚雷艇あり。味方駆逐艦二被雷、遊弋中。山城被雷一、戦闘航海支障なし」

西村艦隊で動いているのは「山城」「最上」「時雨」の三艦だけになった。三艦は敵戦艦群の「火山が大噴火したような」集中砲火を浴び、西村は、

「我魚雷ヲ受ク各艦ハ前進シテ敵艦隊ヲ攻撃スベシ」

と下令すると発信を絶った。

間もなく「山城」も四本の魚雷を受け転覆、炎に包まれて沈没した。乗組員約千四百人のうち生存者は捕虜となった十人だけだった。

航行不能に陥っていた「満潮」も再度の魚雷を受け姿を消した。西村は、艦と自らの最期が訪れたことを悟った。

「各艦は我をかえりみず前進すべし」

こう命じたが、「山城」を見捨てて前進する艦はなく、西村は炎に包まれた「山城」とともに不帰の人となった。

外は見えない機関兵

午前三時三〇分だった。「山城」が緊急電話で、悲鳴のような一斉回頭を伝えるのを志摩は聞いた。志摩も次々襲いかかってくる敵魚雷艇と戦っていた。「阿武隈」が左舷艦橋下に被雷し航行不能になった。志摩は「那智」「足柄」「不知火」「霞」「曙」「潮」の単縦陣で北へ向け進撃するよう命じた。速力二八ノット。「不知火」艦橋からは海峡内を飛び交う曳光弾が見えた。音と火と煙と水が荒れ狂う。西村艦隊と敵艦のすさまじい砲撃戦である。「不知火」缶室からは甲板に外の様子を見に上がることもできず、艦を揺るがす砲声だけを聞きながら、速度を落とさないため汗だくで缶を炊き続けた。機関長が叫ぶ。

「貴様ら死に方用意だ」

乗艦間もない徴集兵の目から流れる涙が汗とからまって、鉄板を敷き詰めた床に落ちる。

午前四時一五分ごろ「那智」のレーダーが北方一一キロに敵艦艇群らしきものを探知した。「那智」「足柄」は両艦合わせて十六本の魚雷を発射する態勢に入った。両艦が発射しようとした九三式酸素魚雷は五〇ノットで二万メートル走る。命中すると五〇〇キロの炸薬が爆発する。日本軍が開発したこの魚雷は、気泡を出さないため発見が難しく、敵からは「まるで幽霊のように近づいてくる」と恐れられた。

ところが日本軍の魚雷は威力が強過ぎ、敵艦に命中すると船体を突き抜けて反対側の海上で爆発するという欠点もあった。

「那智」と「最上」衝突

志摩は第二遊撃部隊に対し、

「全軍突撃せよ」

と命じ、駆逐艦には、

「直ちに北方に突撃し、襲撃が終わればすぐに反転、南下せよ」

と指示した。「不知火」ら第十八駆逐隊は全速で北方に向かった。最大三四ノットで進撃していたとすれば時速約六三キロになる。海上においては水の上をすっ飛ぶような速さで、白い航跡は大蛇がのたうち回るように見えたに違いない。

「那智」が八本の魚雷発射を終わった時、左前方に停止しているかに見えた「最上」が低速で南下しており、気づいた「那智」が面舵でかわそうとしたが間に合わず、双方の艦首が激突、船体が合体したように並んでしまった。両艦の乗組員が叫び合う。

「見張りをしっかりせんか」

「那智」の上官が部下を叱りつける声が届いたが、相手艦に対する怒声はどちらからも聞こえず、「最上」の艦橋からメガホンの声が聞こえた。

「われ最上。本艦は艦長、副長、航海長戦死。本艦の指揮は砲術長がとっております。操舵装置が破壊し、機械回転で僅かに針路を保っている状況なので貴艦を避けることができず、失礼しました」

「那智」の艦橋にため息がもれた。火災を起こしている「最上」を敵艦と間違え接近しすぎたために衝突したのである。「最上」は後ろ半分が火だるまになっており、生き残りの乗組員が艦橋や前甲板に集まり「那智」を見詰めている。

私が防衛研究所戦史研究センター資料室で閲覧した小冊子「スリガオ戦記『比島沖海

戦・南方部隊の戦闘』」に、「那智」の艦橋にいた第五艦隊参謀森幸吉が寄せた次のような手記が載っていた。

「炎上中の最上は停止しており、その前方を航過するものと判断しておったところ、最上は予想に反し低速南下中であったため、那智の面舵一杯も効果なく、火だるまの最上前部に触衝した」

両艦はしばらく抱き合った状態で並走。「最上」艦橋からのメガホンの叫びを聞いてやっと相手艦が分かったとも述べている。「最上の最期の死闘は壮絶そのものだった」そうだ。

「那智」も艦首を大破して揚錨機室が浸水し、速力が一八ノットに落ちた。志摩は「最上」艦上から伝わってくる悲痛な叫びを聞きながらも、「最上」を残して北への針路を指示した。速力は二〇ノットに落ちているが、志摩は声をふりしぼるようにして命じた。

「全滅覚悟で突撃だ」

さらに「突撃、突撃」の連呼をやめようとはしない。温厚な志摩が初めて見せる鬼のごとき表情だ。このとき志摩の胸にはレイテ突入しかなかったのである。

森は、「志摩の喉の奥から絞り出すような叫びを聞いていた参謀長以下が『西村艦隊の壊滅を見ても分かるように、この状況下での突撃は進んで敵の術中に堕ちるようなものです。栗田艦隊の動静も分からないので、この際、スリガオ海峡を離脱して態勢を立て直すべきです』と進言した」のだという。

志摩は目を閉じたまま未明の星空を見上げるようにしていたが、一言「そうしよう」といい、反転南下を決断すると、

「当隊、攻撃終わる。一応、戦場離脱し後図を策す」

と打電、「不知火」以下の駆逐隊に、「直ちに反転せよ」と下令した。午前四時二五分だった。南十字星が黎明前の空に輝いていたが、見上げる余裕はない。

濃い煙幕の中を潜り抜け、ようやくヒブソン島がかすかに見える地点まで進出していた「不知火」は、敵艦影を発見しないまま反転、同四時半、南下を始めた。各駆逐艦内には長い緊張からやっと解放されたという安ど感が広がり、乗組員が食缶に向かって、「朝飯はまだか」と叫んだ。食缶とは炊事場のことである。

午前五時二二分、志摩から栗田に対し西村艦隊の全滅を伝える電報が発された。

「第二戦隊（西村艦隊）全滅。最上大破炎上。当隊攻撃終了。一応戦場ヲ離脱シ後図ヲ策ス」

この電報を受けた「大和」艦橋に大きなため息が漏れたころ、スリガオ海峡は静かな二六日の朝を迎えていた。日出は午前六時二七分。その朝の静寂は間もなく米機の来襲

によって破られた。

志摩艦隊が離脱

志摩艦隊は「那智」「足柄」「霞」「不知火」の第一群、「阿武隈」「潮」の第二群、「最上」「曙」の第三群に分かれてこの敵機を迎え撃った。午前八時半ごろである。米艦上機十四機は、海面上を這うようにして次々魚雷を投下した。

第一群の「那智」は巧みに魚雷を避けながら機銃掃射で敵機を数機撃墜し、二六日午後二時、コロン湾に入泊した。第三群の「最上」は「曙」に護衛され西に向かっていたが、二度にわたる敵機の来襲で再度、大火災を起こし、弾薬庫に引火の恐れが生じたため、「最上」を指揮していた砲術長は総員退却を決意。「曙」が「最上」に横付けして乗組員を救出した。火だるまの「最上」はなかなか沈まない。志摩は「曙」に魚雷による処分を命じ、午後零時半自沈した。「最上」はミッドウェー海戦でも重巡「三隈」と衝突、一番砲塔から前部を失った前歴があり、修理の際に航空巡洋艦に改装されていた。

第二群の「阿武隈」は、「潮」が護衛して応急修理のためコロン湾に向かっていたが、二六日朝から度々空襲を受け航行不能に陥ったところに、魚雷が誘爆して全く動けなくなった。さらに米機の攻撃を受け総員退艦、午後零時四二分沈没した。「潮」は「阿武隈」乗組員二百三十八人を救助してコロン湾に向かった。

志摩艦隊に対する米軍の激しい空襲は午前八時過ぎから約一時間続いた。旗艦「那智」の艦橋は悲壮感に包まれていた。その時、突然「那智」の艦橋スピーカーから「母艦が攻撃されているから直ちに帰投せよ」の指示が英語で流れた。

これを聞いた「那智」の幹部は、傍受した敵信がそのまま流れたものと思った。ところがこの声を流したのは、志摩司令部敵信班に所属していたハワイ生まれの二世の予備士官が得意の英語力を生かし、敵の電波に合わせて流したニセ電信だった。これを聞いた敵機は直ちに攻撃を止めて飛び去り、志摩艦隊は以後敵影を見ることはなかった。また日米ともこのニセ電信の事実に気付いたものはいなかった。

西村艦隊では駆逐艦「時雨」が、ただ一隻マニラにたどり着いただけで、旗艦「山城」以下すべてがこの海戦で海底に消えた。

志摩艦隊は「阿武隈」を失い「那智」が「最上」との衝突で損傷を受けただけだったが、敵に与えた損害もゼロに近かった。志摩艦隊の本来の任務は空母護衛であり、内地でも敵機の迎撃訓練を積んだだけで、港湾夜襲の訓練などは全くしていなかった。

「阿武隈」は第一水雷戦隊の旗艦として、真珠湾攻撃に直接参加したただ一隻の軽巡。その後、第五艦隊に移って北方に転戦、アッツ島攻略戦に参加し、僚艦と協力して米重巡、駆逐艦各一隻を撃破している。また、一九四三年八月のキスカ島撤収作戦では軽巡「木曾」、駆逐艦「夕雲」「風雲」「秋雲」を率いて濃霧を利用しながら、同島守備隊員五千百八十三人全員を無事収容して帰投、「奇跡の救出作戦」を成功させた功績艦だった。捷一号作戦展開に当たり志摩艦隊に編入されてレイテ沖海戦に出撃していた。

戦い終えてコロンの夕間暮れ

二六日夕暮れ。戦闘海域を覆っていたまるで鉄鍋で豆を煎るような発射音が止み、長い一日が終わろうとしていた。傷ついてミンドロ島近くの島影に小憩する「早霜」と、後続する「藤波」の駆逐艦二隻を除いて小沢、栗田、志摩の三艦隊の生き残った艦艇のほとんどが、敵機の行動半径の圏外に離脱することに成功している。激戦を展開した艦艇は次々と基地に帰還する。「高雄」「長波」「朝霜」はブルネイに到着し、その乗組員と「愛宕」「摩耶」の生存者にとって自分の肉体と鉄との死闘はひとまず終わった。

コロン湾にも次々残存艦、損傷艦が入ってきた。「那智」「足柄」「霞」「不知火」「沖波」「潮」。最も遅れて「熊野」が傷だらけの姿を現した。

「不知火」は朝から米軍機の攻撃を受けたが、艦長荒悌三郎は砲術兵に対し、「奴らを狙え」と叫びながら敵機の爆撃をかわすという、神業のような操艦指揮をした。敵機が急降下を始めた瞬間、機銃弾が機体に吸い込まれるように命中した。砲術兵が「やったあ」と叫ぶと、同時に敵機は海中に突っ込んだ。残りの敵機は怖気づいたのか一斉に姿を消したためコロン湾にたどり着くことができた。「不知火」の被害は僅かで、航行に支障はなかった。

それぞれの泊地で儀仗兵の捧げる弔銃が響く。信号兵がラッパを吹奏する。

「海行かば水漬く屍　山行かば草むす屍」

静かに戦死者達の水葬が行われた。

役目果たした小沢おとり艦隊

連合艦隊司令部は一〇月一七日、小沢機動部隊（以下小沢艦隊）本隊に、出撃の準備を命じた。

マリアナ沖海戦の大敗と台湾沖航空戦で多くの飛行機を失ったため、機動部隊の兵力は大きく低下しており、連合艦隊司令部は、一九四四年末までに機動部隊を再建する計画を進めていたが、それも緒につかないうちに捷一号作戦が発動された。

「レイテ作戦が最後の決戦になるかも知れない」

そう考えた連合艦隊司令部はこの作戦を「絶対成功させるために最後の一隻、一機まで作戦に参加させる」作戦に出た。

小沢艦隊は台湾沖航空戦に主力の飛行機を転用されており、残存機の搭乗員は訓練未了のものばかり。警戒部隊の主力も残敵掃討に出撃させており、まさに手元不如意に陥っていた。それでも機動部隊が出撃することによって、米機動部隊がこれに飛びついてくれば、栗田艦隊は敵の妨害を受けずにレイテ湾に突入できるものと考えられていた。これが小沢艦隊に命ぜられた「栗田艦隊から米軍の目をそらす」ための「おとり作戦」だったのである。

小沢は出撃部隊のほとんどが集結を終えた一九日午後一時、各級指揮官を旗艦「瑞鶴」に集めて出撃前最後の訓示を行った。

「友軍との協力のもとに極力敵情を明らかにしつつ、自隊の存亡を賭し、旺盛なる犠牲的精神の発揮により、敵部隊を比島南西方面から北方ないし北東方に牽制して誘い出し、遊撃部隊の敵上陸点に対する突入作戦の必成を期すとともに、好機に乗じて敵を撃滅する」

顔に悲壮感を漂わせた小沢はさらに続ける。

「このため警戒を厳にして南西諸島東方海面を南下しつつルソン島ないし台湾東方海面において有力な敵機動部隊に近迫、これを捕捉し、まず、昼間、航空戦により有力な第一撃を加え、大打撃を与えるとともに、自己の被害を顧みることなく極力これを北東方に誘い出すことに努める」

小沢の作戦方針の説明は続く。

「敵機動部隊をわが隊の航空戦距離内に維持するよう昼間に近迫し、夜間は敵から遠ざかる如く行動しつつ、所期の海面に敵を誘出するとともに、好機を捕捉したなら決戦を期す」

小沢艦隊の機動部隊本隊は二〇日朝、伊予灘に出動して搭載機の収容を開始。空母部隊は午前中に収容を終え、他の出撃部隊も各泊地を抜錨、午後一時半には佐田岬沖に集結して序列を整えた。警戒隊の「五十鈴」「桑」「槇」「桐」「杉」は前路掃蕩隊となり、豊後水道の南東予定航路をすでに先行していた。

ここで小沢は連合艦隊司令部から「X日が二五日に決定した」と知らされた。二四日の予定が一日延びたのだ。だが小沢は出撃寸前だったため、予定通り出撃を決意した。夕方には豊後水道を抜け前路掃蕩隊と合流すると、第一警戒序列を組み、夕方から降り始めた雨の中、南下を始めた。

豊後水道を出て間もなく、小沢艦隊は早くも敵潜水艦の動きに悩まされ始めた。各艦が敵潜の出す電波を探知したのだ。小沢は予定針路を変更しながら進み、なんとか最初の敵潜から逃れ、速力一八ノットで南下を続けた。二一日も小雨が続いたが、飛行機による索敵を続け、敵潜を探知するとたくみに避けながら予定の航進を続け、二二日も未明から敵潜回避に追われた。このころ栗田艦隊はブルネイを出撃してレイテ湾に向かって進撃を始めている。

前日までは敵潜をかわしながら航行を続けたが、X日の前日になると、おとり部隊にとって今度は「いかに上手く敵に発見されるか」が重要な任務だ。小沢は敵に発見されることを期待しつつ南下、二三日午後六時にはエンガノ岬北東約四二〇カイリ地点まで進出、二四日早朝からルソン島東方に索敵線を張って「敵発見」の報を待っていた。

午前一一時一五分、「瑞鶴」の偵察機から「敵発見」の報が届いた。敵は小沢艦隊の南西約一八〇マイル。距離は理想的だ。小沢は同一一時四五分、旗艦「瑞鶴」に「皇国の興廃は此の一戦に在り」を表すZ旗を掲げた。空母四隻がそろった機動部隊は堂々たる偉容ながら、搭載している飛行機は百機に満たない。攻撃機の発艦が始まった。当初七十六機の発艦を予定していたが、故障や途中で引き返す機もあって「瑞鶴」「瑞鳳」「千歳」「千代田」の空母四隻から飛び立ったのは僅か五十八機だった。

敵機との空中戦が始まったが、短時間で終わり、各機は陸上の基地に向かった。母艦に帰ってきたのは三機に過ぎない。飛行機の整備遅れと訓練不足のせいで搭乗員に空母に着艦するだけの技量がなかったためである。

X日の二五日午前六時には北緯一八度三九分、東経一二六度一八分地点まで進出していたが、まだ交戦状態には至っていない。日出まで三〇分ある。天気は快晴。視界五〇キロで、弱い北寄りの風はあるが、海上は穏やかだった。

小沢はなんとしても敵に発見されて攻撃を受け、自らは海底に沈むのが任務と考えているから、空母の残存機のうち、直衛機以外はすべて陸上基地に向かわせた。艦とともに沈めてしまいたくなかったからだ。彼らが艦上を飛び立った直後の午前六時五三分、小沢は索敵機からの報で、米機動部隊がやっと餌に飛びつこうとしているのを感じた。

「今日こそ敵機の空襲があるぞ」

小沢が夜明けの空を見上げながらそばに控えている従卒に話しかけていると、ほぼ同じころ「日向」が西一七〇キロに米機を発見し、対空戦闘態勢に入った。「瑞鶴」「千代田」から六機の零戦が発艦した。艦隊は四隻の空母を中心に囲み込んだ、警戒航行序列で進んでいる。

「おとり作戦成功せり」と判断した小沢は、午前七時三二分、連合艦隊と関係部隊に対し、「機動部隊本隊、敵艦上機の触接を受けつつあり。エンガノ崎東方二四五マイル付近」と発信した。小沢は、この電報を発信したことで栗田艦隊は、米空母の多くが小沢艦隊に向かったことを知り、一気にレイテ湾に突入するものと考えた。

小沢艦隊に組み込まれた航空戦艦「日向」は、もともと戦艦だったが事故が多く、ミッドウェー海戦に出撃した後に航空戦艦に改造された。

しかし航空戦艦とは名ばかりで、発艦能力を備えてはいるものの着艦はできない。従って「日向」を飛び立った飛行機は、他の空母の空きスペースを見つけて着艦するのである。今回の出動では最初から搭載機はなく、まさにおとり役だった。

小沢電と入れ違いにサマール島沖に達していた栗田艦隊から、

「敵空母三に対し砲撃開始」

の電報が「瑞鶴」に届いた。

しかし、この双方が発信した電報が、二人の長官には届かなかったのである。小沢電は米空母砲撃に躍起の栗田艦隊が混乱して行方不明となり、栗田電は米機の大編隊が刻々と近づく状況下の小沢に届かなかった。双方の作戦は見事に成功しつつあったが、お互いの電報内容を知らず、目の前の敵に振り回されていたのである。

午前七時四八分、東の空に米軍機が出現した。小沢は「瑞鶴」「千歳」から十一機の直衛零戦を発進させた。その僅か二〇分後「敵艦上機約八十機来襲、これと交戦中」を発信したが、これも栗田の手元には届かなかった。

そのことを小沢は知らない。いや、むしろ「届いている」と確信していたに違いない。

午前八時一五分、戦闘が始まった。「瑞鳳」の飛行甲板に爆弾が一発命中したが、ほとんどの攻撃機をかわし、航行に支障はない。「瑞鶴」も同じころ左舷に被雷して速力が落ち、通信が不能になった。「伊勢」も至近弾を受け、「大淀」には三発の直撃弾が命中したが、航行には影響ない。

このため小沢は旗艦を「大淀」に移そうとしたが、米機の攻撃が途切れることなく続き移乗できない。この時、駆逐艦「秋月」が被弾、積んでいた魚雷と同時にボイラーが誘爆し瞬時に沈没した。「千歳」も左舷前部に命中弾を受け沈んだ。

米軍による第一次攻撃はここまでだった。

「千歳」と「秋月」が沈没し、「瑞鶴」「瑞鳳」「多摩」が損傷を受けたが、二〇ノットで北上を続けており、小沢艦隊にとってこれは敗北ではない。小沢艦隊はさらに米機動部隊を北方に引きつけるため北上を止めなかった。

午前九時五八分、米軍の第二次攻撃が始まった。「千代田」が右側に傾斜し停止した。上空では直衛機が奮戦、九機撃墜されたが、まだ九機が戦いを続けている。しかしどの空母も飛行甲板の損傷が激しく着艦できない。九機は仕方なく近くの海上に着水し、搭乗員は「初月」が救助した。これで小沢艦隊を守る直衛機はゼロになった。小沢は正午前「大淀」に移乗、各部隊に「旗艦を大淀に移し作戦続行す」と発信した。

米軍機は昼食でもしていたのか一時間ほど飛来が中断し、午後一時五分、二百機以上の大編隊で第三次攻撃にやってきた。

米機はまず「瑞鶴」に殺到し猛攻を始めた。爆弾と魚雷が命中した「瑞鶴」は急速に左舷へ傾斜し、艦長貝塚武男は同一時二七分「総員発着甲板に上がれ」と命じた。同五八分、軍艦旗を降ろし、総員退艦命令が出た僅か一五分後に同空母は沈没した。「初月」「若月」の両駆逐艦が救助にあたったが、艦長以下八百四十三人が艦と運命をともにした。生存者は八百六十六人だった。

「瑞鳳」も両舷に命中弾を受け、同三時二六分「瑞鶴」の後を追うようにして海中に姿を消した。小沢の指示で「桑」が八百四十七人、「伊勢」が九十八人を救助した。

また、航行不能に陥っていた「千代田」を「五十鈴」と「槇」が曳航しようとしたが、敵機の攻撃が激しく断念、乗組員救助も果たせず避退した。

同四時ごろ漂流中の「千代田」に米艦「レキシントン」が近づいた。死に体を装っていた「千代田」が突然、砲撃を始めた。驚いた「レキシントン」は応援を求めて砲撃、雷撃を繰り返し「千代田」は同四時二五分ごろ撃沈した。全乗組員は艦と一緒に海底に沈んだ

小沢艦隊はこれで全空母を失ったが、目的は達成した。

小沢は「栗田艦隊はレイテ湾に突入した」ものと信じ、北方に退避を始めていた。そこへ同五時過ぎ米攻撃隊が襲来し、攻撃目標を空母のいなくなった艦隊の戦艦に向けた。「伊勢」は、八十機以上による連続攻撃を左右から受けたがすべて回避、十一本の魚雷もかわした。

「大淀」は直撃弾なく続航。「日向」と「霜月」が至近弾のため浸水したが、航行に支障はなかった。損傷が激しく、遅れていた「多摩」は午後一一時、米潜水艦の雷撃を受け沈没。「瑞鶴」乗組員の救助に当たっていた「初月」も撃沈された。

小沢は、残存艦を率いて夜戦を決意したが敵発見に至らず、二七日正午ごろ奄美大島の薩川湾に入泊した。内地を出撃以来の小沢艦隊の総航程は三〇〇六カイリ、一六九時

間三〇分に及んだ。

小沢艦隊はおとりとなって、アメリカ海軍ハルゼー第三艦隊を引きつけ、その間に栗田、志摩、西村の艦隊がレイテ湾に突入するという、壮大な作戦の役目は十分に果たしたが、突入部隊主力の栗田艦隊が回頭したことで、日本海軍は千載一遇のチャンスを逸した。

右往左往の栗田艦隊

日本海軍にとって「運命の日」となった一〇月二四日は、二三日がそのまま跡切れずに続いたような一日だった。

栗田艦隊各艦の乗組員は、ゆっくり食事をする時間も、横になってまどろむ時間もなかった。ミンドロ海峡に向かった「鳥海」が「敵潜水艦発見」を報じたのは、二四日午前一時三八分だった。栗田艦隊は一斉回頭により敵潜を回避したが、それ以後はほとんど休みなく敵潜、敵機の発見報告が入り、シブヤン海で苦闘の夜明けを迎えた。

対空見張員の目は敵接触機の動きと、攻撃隊の発見に集中しており、電探員は新しい目標の捕捉に全神経をとがらせている。水測員、水上見張員も敵潜の発見に努めている。

午前九時二五分、「大和」の前方三・五キロにいた駆逐艦「秋霜」が、一〇キロ先に海上を水を切って走る潜望鏡を発見し、「能代」もこれを認めた。

栗田艦隊は再度一斉回頭により避航コースを取る。四分後また「能代」が敵攻撃隊らしい編隊を発見、続いて「大和」も大編隊を探知した。一〇分後「羽黒」「武蔵」も敵機の編隊を認めた。

栗田は指揮下の全部隊に二四ノットへの増速を命じた。「長門」が急降下爆撃機と戦闘機合わせ四十一機が来襲中と識別した。まだ対空砲火の射程外であり、各艦の砲は静かであったが、午前一〇時二六分、まず栗田の座乗する「大和」の六〇センチ主砲が咆哮を始めた。各艦が「大和」に続く。大音響が六万トン超の巨艦を震わせ、海上に波を呼び寄せでもしたかのようにうねりが走る。

地球上でこれだけの大音響が発生する自然現象はないだろう。砲術員は両耳に固く丸めた綿玉を詰め込んでいるが、ほとんど効果はなく、聴覚が破壊されたようで、指示も命令も聞こえない。

間もなく米軍機が栗田艦隊の上空に達し雷爆撃を開始したが、様子見だったらしく二〇分足らずで引き揚げた。砲声も止んだ。この短時間の空爆で「武蔵」と「妙高」が、損傷を受け「妙高」は落伍した。米機が姿を消すと辺りは静かになり、砲術員は聴覚を取り戻そうと耳の綿玉を取り出した。

午前一一時五四分「武蔵」が二方向から迫ってくる飛行機群を探知、三分後「羽黒」も認めた。

間もなく機影が視界に入ってきた。各艦内が緊張に包まれ、砲塔の周囲では砲術員の動きが慌ただしくなる。

午後零時六分「長門」が砲撃の火ぶたを切った。第二次攻撃が始まり、敵機の狙いが「武蔵」に向けられていることが分かった。

「武蔵」には十六機が襲いかかり、七機を射ち落としたが、急降下爆撃機の投弾をかなり受けた。そこへ雷撃機が迫り魚雷六本を発射し、うち三本が命中した。

巨艦「武蔵」は艦首が二メートルも沈下するなど被害が拡大、僅か一五分ほどで速力が落ち、落伍を始めた。対空戦闘は約八分間で終わったが、一時間後、次の編隊が現れ、潜水艦の接近も確認された。第三次攻撃隊の来襲である。

栗田は艦隊の増、減速を繰り返しながら敵機の攻撃をかわそうとしたが、避けきれず「武蔵」に命中した魚雷は九本に達した。

次の標的は大和

栗田は「武蔵」が艦隊と行動を共にすることは困難と判断、駆逐艦「清霜」を護衛につけ馬公へ回航させようとした。そこへ次の第四次攻撃が始まった。

午後二時半ごろ敵機の編隊が現れ、今度は「大和」が狙い撃ちに遭った。急降下した敵機が投下した爆弾は前甲板に命中し、最上甲板、上甲板、中甲板を貫いて爆発し浸水が始まった。「大和」は左舷に傾斜を始めたが、注排水によりなんとか復原した。

「武蔵」は艦隊のはるか後方を単独でよろよろと進んでいる。栗田は「コロン経由で馬公へ向かえ」と指示、「清霜」が護衛に就いた。二四日の午後三時過ぎである。

栗田艦隊は第四次攻撃をなんとかしのぎ切り、二二ノットで進撃を続けたが、僅か一五分後には第五次攻撃が始まった。百機以上が押し寄せ、各艦は対空砲撃で対抗した。これがこの日の最大の海戦である。

栗田艦隊は「長門」「藤波」「浜風」「利根」「清霜」がそれぞれ損傷を受け、「武蔵」も敵機七十五機の集中攻撃を受けて徹底的に痛めつけられ、もはやコロンや馬公へ向かう余力は残っていなかった。

「武蔵」もただ攻撃されるに任せていたのではない。来襲機に向けて対空砲を射ち続け、よく戦ったが、速力は落ち、艦は大きく傾斜した。甲板には戦死した乗組員の死体がゴロゴロと転がっており、足の踏み場もない。うめき声を発する重傷者が、重なり合うようにして横になっている。

「しっかりせんか。いま看護兵を呼んできてやる」

無傷の兵の励ましの声が終わらないうちに、うめき声は聞こえなくなる。甲板は凄惨そのものだ。艦の周囲には巨大水柱が林立し、爆煙と砲煙が全艦をすっぽり覆ったように見える。生き残りの乗組員たちは「これを地獄絵というのか」と思ったに違いない。

戦争とは「やるか、やられるか」。死のその時まで戦うのが戦士の使命であり、生と死の境界まで戦う。短かった生涯を回顧する時間も、親兄弟の顔を思い起こす時間もありはしない。生から死へ直行するのみだ。だが「武蔵」の甲板にはそんな悲壮感はなく、兵たちは体力の続く限り戦いを止めることはなかった。

「武蔵」に命中した魚雷は十一本になった。直撃弾十発、至近弾六発。第一艦橋、作戦室は大破し、火の手も上がる。高射長、航海長らも戦死した。

栗田は「大和」艦橋に直立したまま、目の前で繰り広げられる凄絶な情景を見守っている。敵艦上機の来襲は増えるばかりだ。朝から「いつ来るか、いつ来るか」と待っている味方航空部隊は一機も姿を見せない。航空部隊からの情報も届かない。栗田は南西方面部隊と機動部隊である小沢艦隊指揮官に、自隊の苦境を伝える電報を打った。

小沢からは敵機動部隊攻撃のため艦戦、艦爆、艦攻七十六機を発進させる旨の電報が届いたが、敵機の来襲は激しくなるばかり。栗田は、航空部隊の攻撃は効果を挙げ得ていないと判断した。

栗田艦隊は連合艦隊の作戦命令により「航空総攻撃に策応してレイテ湾に突入する」ことを目指してシブヤン海まで進撃してきたが、空からの援護は得られない。

「このままこの戦況が推移するなら艦隊の損害は拡大するばかりだ」

栗田は、レイテ湾突入は覚束ないと考え始めた。

公刊戦史より引用する。

「予定どおりに二十四日日没時、サンベルナルジノ海峡に到達するためには、それまでの間、敵の空襲を軟化さすことが望まれたが、自身の進攻航空兵力をもたない同長官（栗田）にとって、それは味方航空部隊の働きに全幅依存するほか方法は無かった。今までのところ、それも頼りにならぬとあっては、艦隊独力で当面、とにもかくにも敵の空襲に耐え抜きながら、遮二無二進撃を続けねばならなかった。ところが、これから差しかかろうとするシブヤン海東方の海域は島々が散在して狭く、敵の空襲に対し、艦隊が回避運動を行うのは甚だ都合の悪い場所であった」

栗田は「自隊の損害を顧みずに進撃を続けるか、それとも一時的に空襲を避けて味方航空部隊の策応を得たうえで再進撃を策するか」の分岐点に差し掛かっていた。栗田はここでレイテ湾への進撃コースとは反対の針路を取ることを決断、午後三時半、艦隊に一斉回頭を命じた。後に問題となる「栗田の反転」である。

「突入は敵の好餌となり、成算期し難きを以て、一時敵機の空襲圏外に避退し、友隊の成果に策応して進撃することを可と認めたり」

栗田はこのように打電した。

このころ気息奄々の巨艦「武蔵」は、艦隊から大幅に遅れ、前甲板は海中に没し、船体は左に傾斜して航行を停止していた。警戒に当たっている「利根」と「清霜」も損傷を受けており「島風」が警戒に加わった。

栗田艦隊が反転するのを待っていたかのように敵の空爆が止まった。敵機が姿を消して一時間半が過ぎた。午後五時一四分、栗田は再度、引き返すことを決意し、連合艦隊からの返電を待つことなく再反転を命じた。敵機はまだ姿を見せない。理由は分からないが、栗田は「これぞ天祐」と言い、艦隊はシブヤン海北方海面に差し掛かった。

午後六時一三分、連合艦隊司令長官発の電令が「大和」の栗田のもとに着電した。

「天祐ヲ確信シ全軍突撃セヨ」

栗田がレイテ湾への進撃を再開して一時間半が経過しており、艦隊はそのまま進撃を続けた。栗田艦隊主隊が遠去かっても「武蔵」は、「利根」「清霜」「島風」に見守られ海上にあった。船体は左へ傾いて艦首は沈下し、菊のご紋章を海水が洗う。一番砲塔も海水に洗われている。かろうじて動く一本の推進軸を頼りにコロンを目指しているが、速度はほとんど出ていない。「大和」と全く同じ設計の巨艦はますます傾いていく。

「いつごろりと横になってもおかしくない」

甲板で作業に追われる乗組員はそんな思いを強くしていた。Uターンしてレイテ湾に向かう栗田艦隊主隊が「武蔵」の近くに差し掛かった。「武蔵」の警戒に当たっていた「利根」はここで艦隊に復帰した。駆逐艦「島風」も「浜風」と護衛を交代して、レイテ湾に突入することになった。

午後七時一五分、シブヤン海に夕日が沈むころ「武蔵」艦長猪口敏平は、沈没必至と判断し「総員退去用意」を命じた。艦内にはまだ二千人の生存者がいる。

同七時半、傾斜が三〇度となり、総員退艦が告げられ、君が代のラッパが響き、軍艦旗が降ろされた。生存者が次々海に飛び込み始めた直後「武蔵」は左に転覆、同時に二回、断末魔の叫びのような爆発音を残し、巨艦は海中に没した。同七時三五分だった。艦長は艦と運命をともにした。この海域を米軍は後に「鉄底海峡」と呼んだという。

公刊戦史によると「武蔵」の沈没地点は北緯一三度七分、東経一二二度三二分、水深八〇〇メートル（武蔵戦闘詳報）。「武蔵」の護衛に就いていた「清霜」の戦闘詳報によると北緯一二度四八分、東経一二二度四一・五分、水深一三五〇メートルとあり、約二〇カイリの食い違いがある。

その「武蔵」が、二〇一五年三月、アメリカの資産家によりシブヤン海の海底で確認されたとの報道があった。毎日新聞（3月4日）はマニラ発共同電として「米マイクロソフト共同創業者で資産家のポール・アレン氏は3日までに、太平洋戦争で撃沈された戦艦武蔵の船体を、フィリピン中部シブヤン海での潜水調査で発見したと、短文投稿サイト『ツイッター』で明らかにした」と伝えた。水深約一〇〇〇メートル地点という。

「武蔵」の乗員は「清霜」「浜風」が救助に当たり、二千三百九十九人のうち合わせて千三百七十六人を収容、千二十三人が戦死した。生き残ってコレヒドール島に収容されていた七百人ほどに内地帰還命令が出されたが、うち四百二十が乗船していた「さんとす丸」は台湾沖で敵機の雷撃に遭い、三百人が故国を前にして戦死した。コレヒドール島に残ったものは陸兵として同島の防衛戦闘の任に就き、九割以上が戦死、終戦まで生き残ったものは四百人だった。

栗田艦隊のレイテ湾突入は予定より六時間遅れていた。

一方、西村艦隊は敵の抵抗に遭うことなく予定通りレイテ湾に向け進撃を続けていた。栗田もそのことを知っていたが、特別な指示は出さなかったため、連合艦隊の「全軍突撃」電令により西村艦隊は二五日午前四時「ドラグ沖に突入予定」の電報を発すると突入行動を開始した。その西村艦隊は、米第七艦隊の網の目の配備の中に突入して全滅したことは前述の通りである。

二五日夜を迎えた第一遊撃部隊の栗田艦隊は、夜間のうちにシブヤン海からタブラス海峡を抜け、二六日午前六時四四分、タブラス島西方で日出を迎えた。

午前八時四〇分ごろ、この日第一波の米空母機群が、栗田艦隊の上空に殺到し攻撃を始めた。栗田は、「我敵艦上機三十機ト交戦中」を打電した。敵機は数を増し八時四三分「大和」が前甲板に二発被弾、兵員室などを破壊された。「長門」「榛名」「金剛」「羽黒」「利根」「矢矧」の各艦も至近弾を浴びた。被害は少なかったものの、輪型陣の先頭にあった「能代」が集中攻撃を受け、魚雷一発が第一缶室と第三缶室の中間に命中、浸水が激しく航行不能になった。さらに第二波の攻撃で右舷に魚雷を受け、午前一一時一三分沈没した。

以下に公刊戦史を抜粋する。

栗田艦隊が米機動部隊の激しい攻撃を受けていた二十六日、大本営陸海軍部は当面の情勢について検討した。それによるとレイテ方面情勢全般の判断は明るいものだった。連合艦隊からのフィリピン沖海戦の戦果報告は「空母七隻撃沈破」というものであり、先の台湾沖航空戦のそれを加えれば、米高速機動部隊に相当の打撃を与えたものと判断された。

海軍部はその残存兵力を空母正規三、巡改三、特空母十以上、戦艦十隻内外と判断した。その判断に基づく「捷号作戦今後の見通し」は概要次のようなものであった。

① 前、後期三カ月、激烈な航空戦を予期する。目標モロタイの敵を撃退する。同時期までにレイテの敵を撃砕する。

② 前期（一、二航艦の現態勢をもって中、南比の制空権を獲得するまでの期間）戦闘機の制圧下に敵の補給遮断を行う。敵航空基地制圧、陸戦協力等は陸軍が担任し、泊地船団攻撃は協同で行う。

③ 後期（中、南比の制空権獲得からモロタイの敵を撃退するまでの期間）一航艦は東部蘭印方面から、二航艦は南比方面からモロタイ攻撃を行う。

一方、陸軍は当面の情勢を「レイテ方面空地の戦闘は今後尚幾多の困難あるべきも、敵機動部隊がほとんど壊滅的打撃を受けたこと疑いなく、目下における戦勢は大局より見て我に有利にして現況は寸毫の疑念なく、全戦力を決勝点に集中すべき戦機なり」と判断した。

陸軍部のこの判断は、海軍部の過大な戦果判断に影響されたことは明らかである。しかし、陸軍部のこうした判断の一方では「第十六師団の戦況、特に陸戦状況は多少の不安なきにしもあらず」の指摘もあったが「この点については現地において万策を尽くされあるもの」との希望的観測がなされていた。

かくて大本営は第一、第十六師団及び第六十八旅団を早急にレイテ島に増援して、一挙に連合国軍上陸部隊を撃滅するという、既定のレイテ地上決戦方針を再確認した。

無傷の駆逐艦僅か五隻

栗田艦隊は二七日午前七時過ぎ南シナ海に達し、夜までに順次コロンに到着した。前日の大本営の反撃方針決定を栗田は知らない。ここで補給すると二八日早朝、ブルネイに向け出航、同日夜には「大和」以下艦隊はブルネイに入泊した。

二九日午前中には「妙高」が「長波」を従えて到着し「熊野」「沖波」「浜風」「清霜」と消息不明艦を除いて生存艦すべてが揃った。一週間前ブルネイに舳先を並べた艦隊勢力は戦艦七隻、重巡十一隻、軽巡二隻、駆逐艦十九隻の計三十九隻という堂々たる偉容を誇っていたが、戦艦四隻、重巡三隻、軽巡一隻、駆逐艦九隻の計十七隻になっていた。到着した各艦もそれぞれ大破、中破しており、まさに落ち武者の如き姿だった。

栗田艦隊はレイテ沖海戦において「赫赫たる戦果を挙げ、敵艦隊に一大痛撃を与えた」かの印象を全軍に与えたが、損害も甚大であった。栗田は二六日夜までに判明した被害状況を軍令部総長と連合艦隊司令長官に打電した。

それによると、

沈没＝武蔵、愛宕、麻耶、鳥海、最上、鈴谷、能代

消息不明＝山城、扶桑、山雲、朝雲、満潮、筑摩、野分

本格的修理を行わなければ戦闘に支障あるもの＝大和、長門、金剛、羽黒、熊野、妙高、矢矧、利根、早霜、浜風、清霜、時雨

燃料補給、小修理の上、当面の戦闘に支障なきもの＝榛名、岸波、沖波、浜波、藤波、秋霜、島風、磯風、浦風

すぐに戦闘可能なもの＝朝霜、長波、雪風

その後の調査によると沈没は戦艦三、重巡六、軽巡一、駆逐艦六、油槽船二．大破は重巡四、駆逐艦一、中破は戦艦三、軽巡一、駆逐艦一、小破が戦艦一、重巡一、駆逐艦六。軽微か無傷は駆逐艦五隻だけだった。

第一戦隊司令長官宇垣纒の戦場日記「戦藻録」の一部を引用する。

「損傷（武蔵）の姿いたましき限りなり。凡ての注水可能部は満水し終わり、左舷に傾斜一〇度位。ご紋章は表し居るも艦首突込み、砲塔前の上甲板最低線ようやく水上にあり。魚雷命中11本、爆弾数発、その1つはかつて戦艦において警戒せる誘爆、舵故障、第1艦橋吹飛の三者を起こせり。即ち電探枠に命中せる1弾は防空指揮所にありたる猪口艦長の右肩を傷け、第1艦橋、作戦室を全滅せしめたりという。全力を尽くして保全に努めよ。また一時、艦首を付近島嶼沿岸の浅瀬にのして、応急処置を講ずべきを司令官として注意したり」

（中略）

「19：00武蔵のそばを過ぐ。状態大なる変化なく機械の一部及び舵も利くとの信号を最後に受く。何等泣き事をいわず、全員その守所に頑張り通せるものの如し。この分ならば明朝まで持ちこたえんかとも考えたるが、利根はいかんともなし難し。突入の列に加えられんことを望むと願い、18：30原隊復帰を命ぜらる。武蔵はしばらくして先ず麻耶乗員の収容中のものを駆逐艦を横付けしてこれに移し、一部応急員は残留援助せり。日没して1時間余、警戒の駆逐艦より武蔵は19：37急に傾斜沈没せりとの報を受く」

戦藻録を続ける。

「嗚呼、我半身を失へり！　誠に申訳け無き次第とす。さりながら其の斃れたるや大和の身代りとなれるものなり。今日、武蔵の悲運あるも明日は大和の番なり。遅かれ早かれ此の両艦は敵の集中攻撃を喰う身なり。思えば限り無きこととなるも無理な戦なれば致方もなし。明日は大和にして同一の運命とならば麾下なお長門の存するあらんも、最早隊をなさず。司令官として存在の意義なし。宜しく予て大和を死所と思い定めたる如く、潔く艦と運命を共にすべしと堅く決心せり。明日一日の命ありとも覚えず。七生報国を誓ひて『春来なばまた咲き出でむ姥桜　散りて甲斐ある花にしあらば』」

「大和」一隻で駆逐艦七十隻

駆逐艦はすでに述べたように艦隊の外側にあって対潜、対空の第一線となり、他の艦が爆撃や雷撃を受け、沈没の危機に瀕すると救助に駆けつけるのが主な任務である。

決戦に当たっては敵艦に対し、魚雷攻撃を肉迫敢行するという重要な任務を帯びている。また艦隊の行動にあっては、常に戦艦の護衛に当たらなければならない。

「大和」の建造費は一億四千万円（当時の国家予算の三％）と伝えられている。当時、「最上」級巡洋艦が一隻二千五百万円、「翔鶴」型空母は同八千五百万円だった。当時、駆逐艦一隻の建造費は二百万円。建造費だけを比較すると「大和」一隻で、駆逐艦七十隻を建造できたのである。大艦巨砲主義者の海軍幹部のなかには「駆逐艦などは戦艦を守るためならいくら犠牲にしてもいいのだ」と発言してはばからないものもいたというが、真珠湾奇襲作戦計画をまとめ上げたといわれる源田実（当時中佐、戦後参院議員）は、「大和」の存在を知った時「秦の始皇帝は万里の長城を造ってその恥を千載に残し、日本海軍は戦艦大和を造って悔いを後世に残す」と言ったという。

栗田艦隊がシブヤン海で、米機動部隊の集中攻撃にさらされていた二六日、コロン南方を航行中の志摩艦隊主隊は、空襲を受けることもなく無事コロン湾に帰投した。

しかし、損傷を受け別行動中の軽巡「阿武隈」は、ミンダナオ海で米機の攻撃を受け沈没。また、志摩艦隊に編入されたものの、別任務の海上機動反撃作戦に従事していた第十六戦隊の軽巡「鬼怒」駆逐艦「浦波」は、シブヤン海南方のビサヤ海において米機に捕捉され沈没した。

二六日午後二時、コロン湾の泊地に到着して錨を降ろした「不知火」の艦内には「今回の海戦でも生きながらえた」という安堵感のような空気が漂っていたに違いない。乗組員らは戦闘続きでスコールで汗を流す暇さえなかった。

フィリピン東岸の雨季は一〇月下旬から冬まで続き、毎日のようにスコールがある。戦闘服の背中には塩玉が浮き出している。「ひと雨来んかなあ」と話しながらコロンに沈む夕日を眺めている時だった。

二六日夜、志摩は「鬼怒航行不能」の電報を受け取ると、すぐに命令した。

「不知火は速やかに出港し第十六戦隊司令官左近充尚正（中将）の指揮を受け、同艦の救援に任ずべし」

「不知火」の最期

「不知火」には第十八駆逐隊司令が乗艦しており、同司令指揮のもと二六日午後八時三〇分にコロン湾を出航、翌二七日午前三時、コロンから約一八〇カイリの地点に到着した。四時間にわたって付近海域を捜索したが、「鬼怒」「浦波」の乗組員を見つけることはできなかった。

午前七時五五分、「艦影ヲ認メズ、第十六戦隊ノ行動ニ付通報ヲ得度、我帰途ニ就ク」と打電、現場海域を離れた。同九時三五分「敵艦上機九機見ユ」の電報を発した後、消息を絶った（公刊戦史）。

「不知火」の行方は分からないままだったが、一一月一日になって同艦を捜していた「那智」の水偵が、たまたまセミララ湾内に座礁中の「早霜」を発見して着水し、「不知火」爆沈の状況が判明した。

「不知火」は二七日午後一時三〇分、ミンドロ島南方約一八カイリのセミララ島西方一キロにおいて、米空母機によって撃沈されたことが判明した（公刊戦史）。

「陽炎型駆逐艦」（潮書房光人社）によると、沈没地点は北緯一一度四四分、東経一二三度一六分。第十八駆逐隊司令、艦長以下乗組員全員戦死と推定された。

私が厚生労働省社会・援護局に申請して、業務課調査資料室から交付された私の兄（当時不知火上等機関兵曹）の人事記録には、「不知火」の沈没状況について「駆逐艦不知火乗組としてフィリピン方面行動中、昭和19年10月27日比島パナイ島北方（北緯一一度五〇分、東経一二一度三五分）において、敵機の攻撃を受け、同日13時30分同船沈没の際に戦死されております」とあるだけだ。詳細は一切不明である。沈没時間は公刊戦史

〈不知火沈没地点〉

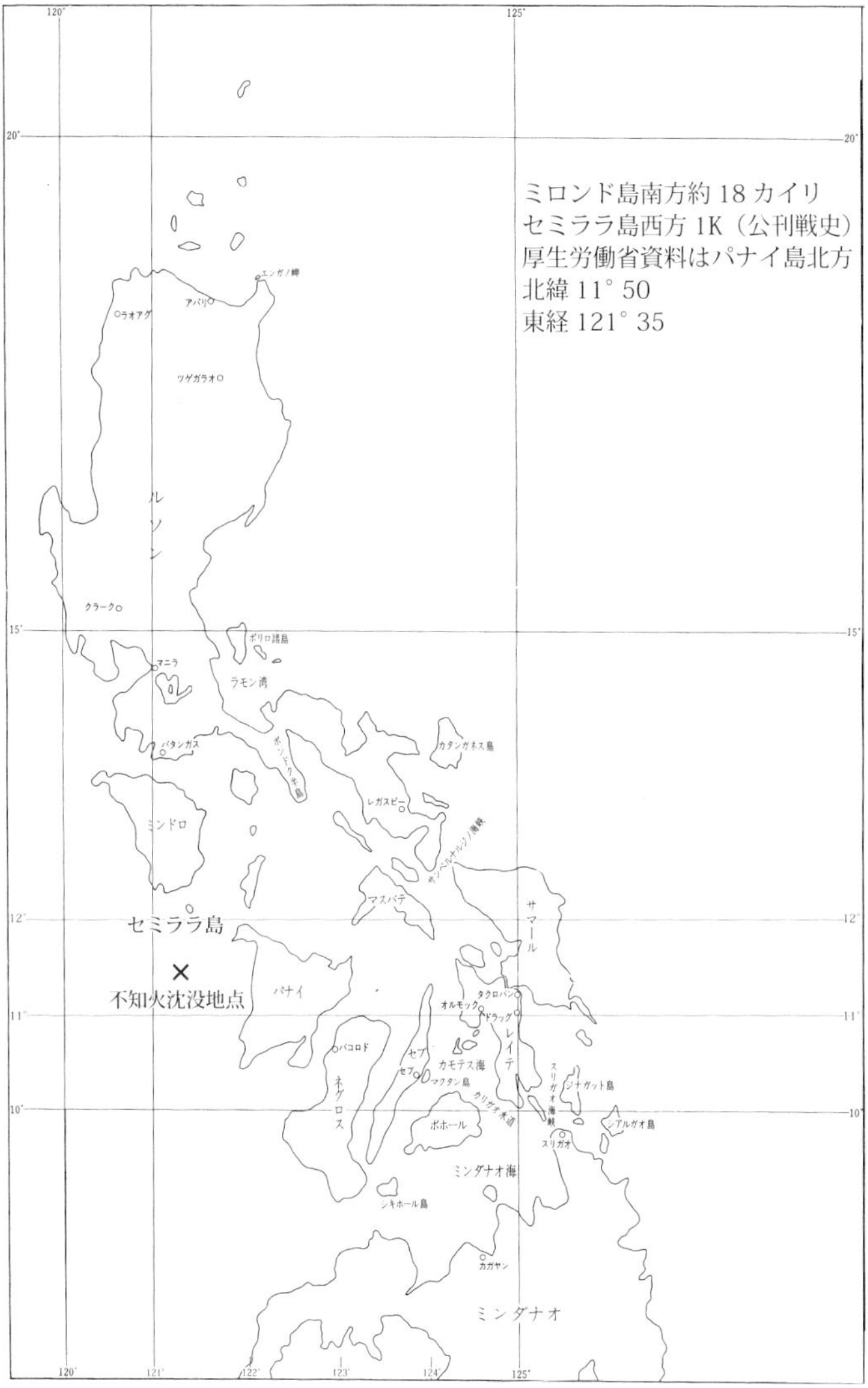
ミロンド島南方約 18 カイリ
セミララ島西方 1K（公刊戦史）
厚生労働省資料はパナイ島北方
北緯 11° 50
東経 121° 35
エンガノ岬
アパリ
ラオアグ
ツゲガラオ
ルソン
クラーク
ポリロ諸島
マニラ
ラモン湾
バタンガス
ボンドク半島
カタンガネス島
レガスピー
ミンドロ
マスバテ
サマール
セミララ島
×
不知火沈没地点
パナイ
タクロバン
オルモック
ドラッグ
レイテ
バコロド
セブ
カモテス海
マクタン島
ネグロス
スリガオ海峡
シナガット島
ボホール
シアルガオ島
スリガオ
ミンダナオ海
シキホール島
カガヤン
ミンダナオ
120°
121°
122°
123°
124°
125°
20°
15°
12°
11°
10°

と一致するが、沈没地点は二説あることになる。海底探査でもしない限り正確な沈没地点は判明しないだろう。

「連合艦隊サイパン・レイテ海戦記」（福田幸弘、時事通信社）には、「二七日、単艦で本隊を追っていた駆逐艦早霜が空母機の攻撃によって撃破され、ミンドロ島南部のセミララ島に座礁した。また、志摩艦隊の駆逐艦不知火と、重巡鳥海の生存者を救助して避退中の駆逐艦藤波は、早霜の救難に向かっているところを、ミンドロ島沖で空母機に襲われ撃沈された」とある。しかし、公刊戦史その他を調べても「不知火」の乗組員が救助されたという記録は見つからない。「不知火」戦没者の遺族会も存在しないので、生存者がいたかどうかは確認できなかった。爆撃を受けたとき、艦橋や甲板にも乗組員はいたはずなのに、海に飛び込んだものはいなかったのか。一人の生存者もいなかったことは不思議である。

「不知火」が救助に向かった軽巡「鬼怒」の航海長だった飯村忠彦（海軍大尉）が、一九八九年三月発行の「丸・別冊」（潮書房光人社）に寄せた「第十六戦隊　鬼怒　オルモック輸送に潰ゆ」によると、「不知火」がパナイ北方海面に来航したが、到着した時はすでに沈没していた。そこで「不知火」は海面に漂う生存者を救うべく付近を遊弋したが「我々の目の前で艦上攻撃機の攻撃を受け爆沈した」と記し「不知火」の来航から沈没までの状況について次のように述べている。

「日が沈んで付近がようやく薄暗くなろうとしていたころ、西の方面から駆逐艦一隻が現れて、我々の方に近づいてくる。まぎれもなく日本の駆逐艦である。後から分かったが、それが不知火であった。私のところからはずいぶん離れていて、とてもこの駆逐艦のそばまで泳いでいくことは無理であった。仕方がないから見ているだけだったが、突然、敵の爆撃機とおぼしき飛行機が数機やってきて、この駆逐艦に対して攻撃を始めた。猛烈な対空射撃が始まり、砲声が殷々ととどろく。同時にすさまじい爆撃の有様が見える。どうか無事でいてくれと心で一生懸命祈り続けた。しかし、だいぶ時間がたったころ、命中弾があったらしく、駆逐艦は真っ赤な火を吹き、黒煙とともに真っ白な蒸気を天高く噴き上げて垂直に立ち、見る見るうちに沈没してしまった」

この目撃談によると「不知火」は二七日の日没後に沈没したことになる。前述のように現場到着時間にも差がありすぎるが、いまになっては確かめることが難しい。

「不知火」の最期について「レイテ沖海戦」（半藤一利・文芸春秋）は「二十七日朝、ミンドロ島南方で航行不能に陥っていた、第二駆逐隊の早霜が米機の攻撃にさらされている時、二隻の駆逐艦が救援にやってきた。鳥海の乗組員を収容して引き揚げる途中の藤波と、鬼怒救援のためコロンを出航してきた不知火である。両艦は発光信号で連絡を取り合いながら早霜に接近してきた。しかし、あと一歩のところで敵の大編隊が東の空に現れた。三艦は協力して迎え撃ったが、大編隊の前には歯が立たなかった。藤波も不知火も早霜の眼前で火災を起こし、西へ避退しながら防戦に努めたが藤波が轟沈。不知火はミンドロ島の島陰に隠れた海域で無念の涙を飲み、誰一人見ていない海に沈んだ」とある。

「不知火」は「鬼怒」を発見できず、引き揚げる途中だったと推測されるが、「不知火」が沈没したのは二十七日の午前中だったようにも思われる。

その「不知火」沈没時刻などを調べてみると、レイテ沖海戦は二十六日で終わったとされているが、実際には「早霜」座礁、「藤波」「不知火」の両駆逐艦が、二十七日に米軍機に爆沈されている。いずれの記録も「早霜」「藤波」の後から「不知火」が沈没したことになっている。その後に、レイテ沖海戦で沈没したという艦艇の記録は見つからないことから、私は「不知火」がレイテ沖海戦における日本海軍最後の沈没艦であると確信した。

「不知火」は敵機の激しい爆撃を受けながら沈んだ。爆沈である。甲板や艦橋、缶室などにいた二百三十九人の乗組員たちに「天皇陛下バンザイ」を叫ぶ余裕はなく、父母や妻子の名前さえも呼べなかったに違いない。

「不知火」は二百三十九人の鉄柩となって、フィリピンの海底に消えた。海の底は岩場か、砂地か。兵士たちの遺骨は七〇年以上の年月を経たいまもレイテ沖海戦で「最後にやられてしまった」という無念の想いを抱きながら、海底の砂になって漂っていることだろう。

いつの日か「しらぬ火」（蜃気楼）となって、夜のレイテ沖の海上に現れることがあるかも知れない。

おわりに

レイテ沖海戦は連合艦隊の残存兵力のすべてを投入した、文字通り乾坤一擲の戦いだった。日本海軍が戦艦八隻、空母六隻、重巡十二隻、軽巡六隻、駆逐艦三十六隻を投入したのに対し、フィリピン海域にいたアメリカ海軍は戦艦十二隻、空母十七隻、重巡十隻、軽巡十三隻、駆逐艦九十三隻、潜水艦二隻である。

一九四四（昭19）年一〇月二三日朝、パラワン水道で栗田艦隊旗艦「愛宕」が米潜水艦の雷撃を受け、瞬時にして沈没したとき、レイテ沖の海戦は始まった。

そして二七日、ミンドロ島近くのセミララ島の島陰で駆逐艦「不知火」が、米軍の猛爆撃を受け沈没したのを最後に、海戦史上最大といわれたレイテ沖の海上戦闘は終わりを告げた。

レイテ沖海戦が展開されたこの五日間に敵艦への雷撃と敵機銃撃に最も忙しく働いた日本海軍の艦艇は、三十六隻の駆逐艦だった。敵機が去り、夕闇迫る「不知火」の甲板で、まだ年端のいかない水兵に向かって古参下士官が「お前たちがいま生きているのは明日死ぬためである」と自らを納得さすかのように強い語調で語りかけた。死ぬことは全員が覚悟していても、死を望む兵はいない。
レイテ沖の海戦が終わった後も、フィリピンの海域では散発的な戦いは続いていた。一九四四年の暮れも押し迫った一二月一五日、日本軍がレイテ島を放棄すると、米軍はミンドロ島に上陸し、飛行場の建設を始めた。

連合艦隊は開戦以来「不知火」と兄弟艦のように行動をともにしてきた「霞」を旗艦とする僅か八隻の挺身隊を編成して同島に接近、夜間攻撃で敵輸送船、物資集積所、飛行場などを攻撃し、米軍側に大きな損害を与えた。この戦いで駆逐艦「清霜」を失いはしたが、二百五十八人の乗組員も救助して残る七隻は無事帰還した。

これが「連合艦隊が組織的に行動して得た最後の勝ち戦だった」と公刊戦史にある。一二月二六日のことである。このほかにフィリピン海域では終戦までに重巡一隻、駆逐艦十二隻が沈没した。

また、日本軍が最後の補給地として死守すべく、残存兵力のすべてを出撃させたフィリピンを巡る最後の攻防戦には、かつてどこの国も実施したことのない「人間爆弾」ともいうべき、搭乗員必死の神風《しんぷう》特別攻撃隊を編成、「敷島」「大和」「朝日」「山桜」の四隊を出撃させ、栗田艦隊に匹敵するほどの戦果を挙げたと伝えられている。人間魚雷「回天」も起死回生策として投入されたが、戦果は乏しかった。戦争とは人間の消耗戦でもある。

日本の人口動態によると、開戦前の一九四〇（昭15）年の七千三百十一万四千人（男三千六百五十六万六千人、女三千六百五十四万八千人）に対し、終戦の一九四五（昭20）年は七千百九十九万八千人（男三千三百八十九万四千人、女三千八百十万四千人）と百十一万六千人も減少している。

特に男が二百六十七万二千人の減少に対し、女は百五十五万六千人増えている。いかに多くの男が戦場で生命を失ったかが分かる。

地域別の日本将兵犠牲者は、フィリピン全域が四十九万八千六百人（うちレイテ島九万人）▽中国本土四十五万五千七百人▽サイパンを中心とする中部太平洋諸島十九万七千六百人▽ガダルカナル周辺、ソロモン諸島、ビスマルク島十一万八千七百人▽東部ニューギニア十二万七千人▽ビアクを含む小スンダ及びニューギニア八万二千六百人▽ビルマ方面十六万四千五百人。全体では二百十二万一千人にのぼった。

フィリピン決戦では陸軍も多くの戦死者を出した。一九五八（昭33）年政府調べによると、参加兵力は陸軍五十万三千六百六人（うち戦死者三十六万九千二十九人）海軍十二万七千三百六十一人（うち戦死者十万七千七百四十七人）。

終戦時十二万七千二百人が残存していたが、うち一万二千人が復員を待たず死亡している。

天皇、皇后両陛下は二〇一六年一月、日比両国の太平洋戦争犠牲者を慰霊するためフィリピンを訪問した。

以下に本書をまとめるに至った私事を記す。

☆

一九二〇（大9）年生まれの私の兄も、フィリピン海域で戦死した海軍兵士の一人である。六人兄弟の長男だった兄は、私が生まれる前年の一九三七（昭12）六月一日、志願兵として呉海兵団に入団した。海兵団での教育訓練を終えると駆逐艦「薄雲」に三等機関兵として乗艦し、同「白雲」機関兵を経て一九四二（昭17）年三月一日付で「不知火」乗艦を命じられている。

この時期「不知火」は、インド洋からセイロン島攻略作戦に出撃しており、四月二三日の呉帰投を待って乗艦したようである。従って、七月五日未明にキスカ湾内で米潜水艦の雷撃を受けたときは、海軍三等機関兵曹としての任に就いており、缶室のある艦底にいたようである（海軍人事記録）。

ほとんど年齢の変わらない缶室にいた二人の兵が即死（後に三人と判明）しており、「缶の火を消すな。無傷のものは負傷者の手当てにあたれ」と叫ぶ機関長の指示で狭い缶室内は騒然としたに違いない。

私は兄と生活をともにしたことはない。物心がついたころには戦争が激化しており、一度だけ、故郷の山口県へ日帰り帰省したことが記憶に残っているが、どんな話をしたかは全く覚えていない。

戦後、両親から聞いたところでは、「いつでも国のために死ぬ覚悟はしていた」そうだ。

「兄ちゃんはどうして機関兵になったかのう」

と聞いたとき、父親は、「あいつは人間に向けて鉄砲を射ちたくなかったんだよ」といった。

「陸軍に入ると人間に銃を向けるようになるが、海軍ならそれがない。しかも機関兵なら雷撃や銃撃とも縁がないからのう」

とも。

戦争中にそんな発言をするとたちまち「軟弱もの」といわれるから「機械いじりがしたいため機関兵を希望したんだ」と話していたそうである。海軍志願兵は海兵団教育終了前に水兵、機関兵、整備兵、工作兵、主計兵の中から第三希望まで兵種を選べることになっており、兄は機関兵を希望したものと思われる。

私はこの話を聞いたとき、なんとなく心が休まる気持ちになったのを今でも思い出す。

兄の戦死公報は終戦から一年余り経って届いた。

父親が受け取って帰った木箱の中には、兄の氏名と海軍の等級を記した紙片が一枚入っていただけだった。

母親も弟妹たちも木箱を囲んで泣き崩れた。父親はただ一言「犬死じゃったのう」といった。

この兄のすぐ下の兄（一九二五年生まれ）は、徴兵年齢が十九歳に一年引き下げられると同時に一九四四年一二月、兄の戦死を知らないまま陸軍に召集され、新潟県の高田無線教育隊に入隊、翌年三月、病死した。

私は本書の冒頭に記したように、日本が再び戦争への道を進もうとしていることに拭いようのない危惧を感じている。

この「駆逐艦『不知火』の軌跡」は「過去を振り返れば何かが分かる」ように思い、一念発起して調べた私の「反戦ノート」である。

そして分かったことは「不知火」が、レイテ沖海戦における日本海軍最後の沈没艦だったと確信できたことだ。

フィリピンの広い海域には、いまも永久に地上に還ることのできない数多の将兵たちの魂が眠っていることを、特に戦後生まれのひとたちに伝えたい。

これが私の得た教訓であり、願いでもある。

参考文献

①戦史叢書＝「海軍捷号作戦〈１〉〈２〉」▽同「ハワイ作戦」▽同「マリアナ沖海戦」▽同「ミッドウェー海戦」▽同「北東方面海軍作戦」▽同「南東方面海軍作戦」▽同「南西方面海軍作戦」▽蘭印・ベンガル湾方面海軍進攻作戦▽ポートダーウィン奇襲作戦（防衛庁防衛研修所戦史室著　朝雲新聞社）
②「聯合艦隊軍艦銘銘伝」（片桐大自　潮書房光人社）
③「連合艦隊サイパン・レイテ海戦記」（福田幸弘　時事通信社）
④「駆逐艦『野分』物語」（佐藤清夫　光人社）
⑤「陽炎型駆逐艦」（重本俊一ほか　潮書房光人社）
⑥「秋月型駆逐艦」（山本平弥ほか　同）
⑦「真珠湾攻撃総隊長の回想」（淵田美津雄ほか　講談社）
⑧「奇跡の駆逐艦『雪風』」（立石優　ＰＨＰ文庫）
⑨「日本海軍が敗れた日上、下」（奥宮正武　同）
⑩「日本海軍がよくわかる事典」（太平洋戦争研究会　同）
⑪「完本列伝太平洋戦争」（半藤一利　同）
⑫「日本軍艦ハンドブック」（「丸」編集部　光人社ＮＦ文庫）
⑬「日本海軍４００時間の証言」（ＮＨＫ－スペシャル取材班　新潮文庫）
⑭「日本軍艦戦記」（半藤一利　文春文庫）
⑮「戦藻録」（宇垣纏　原書房）
⑯「日本海軍食生活史」（瀬間喬　自費出版）
⑰「駆逐艦五月雨」（須藤幸助　永田書房）
⑱「北方領土」（六角弘　ぴいぷる社）
⑲「軍艦メカニズム図鑑」（グランプリ出版）
⑳「日本の駆逐艦」（丸編集部　潮書房光人社）
㉑「連合艦隊最期の闘い」（多賀一史　フットワーク出版）
㉒「キスカ戦記」（キスカ会編　原書房）
㉓「駆逐艦夕立」（夕立会編　非売品）
㉔「海軍よもやまこぼれ話」（大町力　光人社）
㉕「海軍ぐらしよもやま物語」（大西喬　同）
㉖「流氷の海」（相良俊輔　同）
㉗「ミッドウェー海戦」（牧島禎一　河出書房）

㉘「男たちの大和上下」（辺見じゅん　ちくま文庫）
㉙「連合艦隊軍艦列伝」（円道祥之　宝島文庫）
㉚「日本海軍全作戦記録」（別冊宝島編集部　同）
㉛「日本海軍史」（外山三郎　吉川弘文館）
㉜「栗田艦隊」（小島清文　図書出版）
㉝「レイテ沖海戦」（半藤一利　PHP 研究所）
㉞「太平洋戦争の肉声Ⅰ Ⅱ Ⅲ」（文芸春秋　文春文庫）
㉟「一億人の昭和史・太平洋戦争④」　毎日新聞社
㊱「太平洋海戦一～三」（佐藤和正　講談社）

福田 靖（ふくだ きよし）

1938年山口県生まれ。国学院大学卒。毎日新聞入社。松山、広島各支局長、メディア情報部長、編集委員などを経て、あいテレビ常務取締役総務局長、同報道制作局長。現在社会福祉法人わらしべ会理事。毎日新聞終身名誉職員。

レイテ沖海戦最後の沈没艦
駆逐艦不知火の軌跡

平成28年8月15日発行
著者／福田靖
発行者／今井恒雄
発行／北辰堂出版株式会社
発売／株式会社展望社
〒112-0002 東京都文京区小石川3-1-7 エコービル202
TEL:03-3814-1997 FAX:03-3814-3063
http://tembo-books.jp
印刷製本／株式会社スタジオ・タック

ISBN 978-4-86427-217-9 定価はカバーに表記